宁夏大学优秀学术著作出版基金资助

基于计算机视觉的棉花长势监测与系统构建

贾　彪　著

中国农业科学技术出版社

图书在版编目（CIP）数据

基于计算机视觉的棉花长势监测与系统构建／贾彪著．—北京：中国农业科学技术出版社，2020.8

ISBN 978-7-5116-4763-4

Ⅰ.①基…　Ⅱ.①贾…　Ⅲ.①计算机视觉–应用–棉花–生长势–研究　Ⅳ.①S562.01-39

中国版本图书馆 CIP 数据核字（2020）第 089304 号

责任编辑	陶　莲
责任校对	李向荣

出 版 者	中国农业科学技术出版社
	北京市中关村南大街 12 号　邮编：100081
电　话	（010）82106625（编辑室）　　（010）82109702（发行部）
	（010）82109709（读者服务部）
传　真	（010）82106625
网　址	http：//www.castp.cn
经 销 者	各地新华书店
印 刷 者	北京建宏印刷有限公司
开　本	710mm×1 000mm　1/16
印　张	11.5
字　数	225 千字
版　次	2020 年 8 月第 1 版　2020 年 8 月第 1 次印刷
定　价	88.00 元

前　言

　　棉花是我国重要的经济作物之一，是仅次于粮食的第二大宗农产品。棉花生产直接关系着我国农业和棉纺业的发展，关系国计民生的根本性问题。我国新疆维吾尔自治区（以下简称新疆，全书同）光热资源丰富，对棉花种植非常有利。新疆棉花多为早中熟、早熟及特早熟品种，对光照长度反应不敏感。是喜光作物，适宜在较充足的光照条件下生长。棉花光补偿点和光饱和点均高。因此，基于新疆地区膜下滴灌棉花的生产实际，利用计算机视觉技术、图像分析与处理技术和农业物联网技术尽早地掌握棉花各生育期内长势情况，实时地获取棉花长势信息，加强新疆棉花长势过程管理与调控，改善棉花群体质量，构建棉花长势监测与诊断系统显得尤为重要。

　　计算机视觉技术在农业上的应用研究，起始于20世纪70年代末期，随着计算机软硬件技术的迅猛发展、数字图像处理与模式识别技术在农业上的应用有了较大突破，在农业领域的生产前、生产中、收获时和产后的各个环节中，均可以利用计算机视觉技术来实现农业生产的视觉化。基于计算机视觉技术的作物长势监测系统是近年来农业信息技术研究的主要方向与发展趋势。其快速、高效、实用的监测方法为农作物精准监测提供新的理论基础和技术支撑，对于推动现代农业近地面遥感监测技术的实际应用具有一定的学术价值与社会价值。

　　纵观现有研究，研究者采用数码相机、数字手机和CCD数字摄像头等作为实时跟踪监测设备，运用数字图像处理软件对棉花冠层不同颜色特征参数进行分析，筛选棉花长势监测与营养诊断特征参数，运用系统分析的方法统计建模，构建了图像特征参数与棉花农学农艺参数间多种关系模型，搭建了一套融合计算机视觉技术、远程监测技术和农田物联网技术于一体的棉花长势监测与氮素诊断远程控制系统服务平台，进而实现了对棉花的生长状况和氮素营养状况快速、准确的监测与诊断。另外，针对计算机视觉技术在作物生长中应用研究中所存在的问题，并提出相应的建议。本书分为 10 部分内容，第 1 部分主要介绍了计算机视觉技术在作物长势监测应用中的背景、意义与发展现状；第 2 部分阐述了采用数码相机、数字手机和 CCD 数字摄像头等设备对棉花长势进行过程监测的研究思路；第 3 部分分析探明了不同处理棉花冠层颜色特征参数变化动态；第 4 部分主要研究了基于冠层覆盖度的棉花长势监测与氮素营养诊断模型；第 5 部分综合评析了基于不同特征颜色参数的棉花长势监测与氮素营养诊断模型；第 6 部分阐明了基于辐热积的棉花地上生物量累积模型；第 7 部分阐明了基于辐热积的棉花叶面积指数动态模拟模型；第 8 部分阐明了基于辐热积的棉花产量形成模拟模型；第 9 部分搭建了棉花长势监测远程诊断系统平台；第 10 部分展望了基于计算机视觉技术的棉花长势监测与诊断主要结论、成果以及技术创新。

本专著可作为农学类专业科技工作者、高等院校师生《农业信息学》学习参考资料。本书依托国家自然科学基金项目、宁夏回族自治区（以下简称宁夏，全书同）东西部合作项目等资助，是多年研究工作的阶段性总结。所包括的内容是宁夏自然科学基金项目（重点项目 2020AAC02012）、国家自然科学基金项目（31560339）、宁夏回族自治区重点研发计划（2018BBF02004 和 2019BBF03009）、宁夏大学草学一流学科建设项目（NXYLXK2017A01）以及宁夏大学优秀学术著作出版基金所取得的科研成果，是参与项目的科学家和在实施过程中所有参与课题研究的队伍智慧和劳动的结晶。除本书作者以外，许多老师也参与大量工作，并付出辛勤努力，他们是石河子大学马富裕教授、刁明教授、蒋桂英教授、樊华教授和崔静教授，安徽农业大学何海兵副教授等老师，在本书出版之际也向他们表示衷心感谢！

由于我们学识水平有限，书中不妥之处在所难免，敬请各位专家同行与参阅者批评指正。

著　者

2020 年 1 月

内容介绍

基于计算机视觉技术的作物长势监测与诊断是近年来农业信息技术研究的主要方向与发展趋势。其快速、高效、实用的监测方法为农作物精准监测提供新的理论基础和技术支撑，对于推动现代农业近地面遥感监测技术的实际应用具有一定的学术价值与社会价值。因此，构建基于计算机视觉技术的作物长势监测与诊断系统具有极其深远的意义。

本研究采用数码相机或 CCD 数字摄像头在棉田进行实时跟踪监测，通过数字图像分割技术对棉花群体冠层图像进行分析，筛选棉花长势监测与 N 素营养诊断反应敏感的特征颜色参数，主要目的旨在构建不同特征颜色参数与棉花农学参数间的关系模型，并通过高产田独立试验对模型进行检验，力图搭建基于计算机视觉技术的棉花长势监测与 N 素营养诊断远程服务平台，实现对棉花生长信息和氮素营养状况进行快速准确的监测与诊断。主要研究结果如下。

1. 不同氮素处理棉花群体冠层图像颜色特征动态变化规律

选用北疆 2 棉花主栽品种新陆早 43 号（XLZ 43）和新陆早 48 号（XLZ 48）为试验材料，于 2010 年和 2011 年开展 5 个 N 素水平的小区试验，应用数码相机获取棉花群体冠层图像，通过数字图像识别系统（DIRS）提取各处理棉花群体冠层图像的颜色特征参数 R、G、B、H、I、S 值，探讨各颜色分量在棉花生育期内的动态变化。分析结果表明，基于 RGB 模型的 R 分量值、G 分量值和基于 HIS 模型的亮度 I 值能充分反映棉花群体生长发育规律，且相关性好，其动态模拟曲线的函数通式为：$y=a-b \times \ln(x+c)$，因此 R、G 和 I 能作为棉花群体监测的量化指标；基于 HIS 模型的色度 H 值，随不同施 N 量的增加，拟合参数呈现规律性变化，且相关性显著，其动态曲线满足通式：$y = a + bx + cx^2$。然而模型中蓝色分量 B 值其动态变化虽然满足二次函数关系，但不同 N 素水平间拟合参数值波动性大，规律不明显；颜色分量 S 值动态模拟结果不理想，无规律可循。

2. 基于覆盖度 CC 的棉花长势监测与氮素营养状况诊断模型

通过数字图像分割法提取各试验中棉花全生育期内群体冠层图像特征参数值，运用颜色特征法将棉花冠层图像分割为冠层和土壤层，通过阈值分割法和四分量分割法将棉花冠层图像分为 4 层，即冠层图像分割为光照冠层（Sunlit canopy，SC）与阴影冠层（Shaded canopy，ShC）；土壤层分割为光照土壤层（Sunlit soil，SS）和阴影土壤层（Shaded soil，ShS）。为了减小图像处理误差，采用 MATLAB 图像处理软件和 VC^{++} 计算机程序语言以及 2 种方法求出棉花冠层覆盖度 CC。应用手持冠层光谱仪 GreenSeeker^{TM} 测量棉花冠层的 $NDVI$ 值与 RVI 值，分析比较 CC 与 $NDVI$ 和 RVI 之间的关系，研究结果表明，CC 与 $NDVI$ 具有显著的线性正相关（$R^2 > 0.914$，$P < 0.01$），与 RVI 具有显著的线性负相关（$R^2 > 0.826$，$P < 0.05$）；这充分说明 CC 同 $NDVI$ 有类似的光谱反射特性，能较好地诊断与评估棉花长势信息和 N 素营养状况；通过分析 CC 与棉花 3 个农学参数（棉株地上部 N 累积量、LAI 和地上部生物量）间的关系，建立了 CC 与棉花 3 个农学参数间动态模拟模型，研究结果表明，指数函数能准确描述 CC 与棉花 3 个农学参数间的动态变化规律，且 CC 与棉株地上部 N 累积量指数函数模型相关性最高。其决定系数 $R^2 = 0.978$，根均方差 $RMSE = 1.479\text{g/m}^2$；最后利用 3 个不同生态点高产棉田试验数据对模型进行了检验，检验结果表明，CC 与棉株地上部总 N 累积量间精确度 R^2 值为 0.926，准确度 $RMSE$ 值为 1.631g/m^2。因此可以推断，CC 可作为棉花长势监测与 N 素营养诊断的最佳参变量。

3. 基于不同特征颜色参数的棉花长势监测与氮素营养评价模型

棉株地上部 N 累积量、LAI 和地上部生物量是衡量棉花长势状况的主导因素和重要指标，不同 N 素水平棉花群体冠层图像颜色特征不同，而不同的颜色特征反映出不同颜色参数值，针对棉花冠层颜色的这种特点和潜在规律，分析各颜色特征参数与棉花 3 个农学参数的相关性，结果表明，颜色参数 $G-R$、$2g-r-b$ 和 G/R 与棉花 3 个农学参数间相关性均达极显著水平，其中 $G-R$ 与 3 者之间相关系数依次分别为 0.945**、

0.968^{**}、0.935^{**}；$2g-r-b$ 与 3 者之间相关系数依次分别为 0.906^{**}、0.935^{**}、0.898^{**}；G/R 与 3 者之间相关系数依次分别为 0.859^{**}、0.889^{**}、0.892^{**}。建立基于 $G-R$、$2g-r-b$ 和 G/R 分别与棉花地上部 N 累积量、叶面积指数和地上部其数量 3 个农学参数间的关系模型，结果表明，$G-R$、$2g-r-b$ 和 G/R 与棉花地上部 N 累积量、叶面积指数和地上部其数量 3 个农学参数间的动态模型变化关系类似于 CC 与棉花地上部 N 累积量、叶面积指数和地上部其数量 3 个农学参数间的动态关系，均满足指数函数模型，其函数模型通式为：$y=ke^{bx}$。通过对 3 个不同特征的颜色参数与棉花地上部 N 累积量、叶面积指数和地上部其数量 3 个农学属性间模型的建立与检验，结果表明，对于特征颜色参数 $G-R$ 和 $2g-r-b$ 对 LAI 监测精度高于地上部 N 累积量和地上部生物量；对于特征颜色参数 G/R 来说，棉花地上部生物量的监测精度高于棉花地上部 N 累积量和叶面积指数其他 2 个农学参数。

4. 基于辐热积 *TEP* 的棉花地上部生物量累积模型

为进一步探讨应用计算机视觉技术分析棉花群体冠层的空间分布、光辐射和热量等环境生态因素对棉花群体的影响。本研究获取 2 个品种 5 氮素水平棉花各生育期地上部生物量，记录并测量棉花全生育期的光合有效辐射 *PAR* 和温度，计算棉花各生育期与全生育期 *TEP* 值，运用归一化分析方法，建立基于相对生物量累积（*RAGBA*）和相对辐热积（*RTEP*）的棉花地上生物量累积动态模型，得到 8 个模拟精度较高的模型，再通过求极限值法筛选出最优模型。结果表明：棉花 *RAGBA* 和 *RTEP* 间的动态关系最佳模型是 Richards 模型，其表达式为 $RABGA=1.024/(1+e^{6.646-10.115RTEP})^{1/1.417}$，（$r=0.9813$，$s=0.0426$）；通过 3 个不同生态点独立的高产田试验对模型检验，结果表明，*RTEP* 所对应的 *RAGBA* 观测值与模拟值之间的 *RMSE* 为 0.659 t/hm²，相对误差 *RE* 为 5.34%，一致性系数 *COC* 为 0.998，决定系数 R^2 为 0.996；最后定量分析了模型动态变化过程和模型各参数特征，根据模型生物量累积速率方程将其积累过程划分为 2 个拐点 3 个阶段，得出棉花地上生物量最大累积速率及其对应的相对辐热积和相对地上生物量积累量分别为 2.299、0.623 和 0.549。这说明变量参数 *TEP* 具有很强的应用价值，能评价棉花地上部生物量累积过程，也能通过 Richards 模型反映棉花物质生产状况和经济产量，为数字化棉花生产提供理论依据。

5. 基于辐热积 *TEP* 的棉花叶面积指数动态模拟模型

为凸显计算机视觉技术对棉花生长监测的实用性，分析辐热积 *TEP* 与 LAI 之间动态变化规律尤为重要。本节研究增设了 2 个品种（石杂 2、新陆早 43）4 氮素水平小区试验，通过归一化处理，用 Curve Expert 软件或 Origin 8.5 软件对相对叶面积指数（*RLAI*）和相对辐热积（*RTEP*）动态数据进行拟合，得出 7 个精度较高的模型，其中 Rational function 函数模型最能准确描述棉花 LAI 的动态变化规律，相关系数 $r = 0.945\,9$，反映出极强的生物学意义。利用本研究 2 个品种 5 氮素水平的核心试验数据和 3 个不同生态点独立的高产田试验对模型进行多重检验，其置信度（α）分别为 $0.168\,6$、$0.077\,1$、$0.170\,6$；决定系数（R^2）分别为 $0.947\,7$、$0.964\,0$、$0.970\,8$；一致性系数（*COC*）分别为 $0.986\,7$、$0.990\,8$、$0.989\,1$；相对误差（*RE*）分别为 $6.492\,8\%$、$4.370\,9\%$、$7.540\,3\%$；回归估计标准误差根均方差（*RMSE*）分别为 $0.188\,3$、$0.142\,5$、$0.226\,7$。进一步证明 Rational function 函数模型能够准确反映 *RTEP* 与 *RLAI* 间的动态变化规律。最后分析不同施 N 量对棉花全生育期的物质生产潜力，结果表明：不同施 N 量对棉花 LAI 动态具有调控作用，尤其平均叶面积指数（*MLAI*）、最大叶面积指数（LAI_{max}）和二者的比值等特征参数，对 N 肥用量反应敏感，可作为改善棉花叶片光辐射特性的重要指标，从而提高产量。本研究对于棉花生长发育进程中 *TEP* 的定量计算具有重要意义，可为进一步拓展数字图像在棉花冠层光辐射与空间分布理论研究做铺垫。

6. 基于计算机视觉技术的棉花长势监测与氮素诊断远程服务平台

本平台集成了数码相机和 CCD 数字摄像头成像技术，融合了基于数字图像识别分割处理技术、农业物联网与 Web 远程控制技术、信息传输服务技术和数据库管理技术于一体的远程服务系统平台，初步实现了对棉花群体长势情况远程监测与 N 素营养状况诊断。该平台为了满足用户需求和方便使用，其客户端为 PC 机用户和智能手机（Android 系统）用户，远程终端采用 B/S 结构，该平台由棉花长势长相监测中心（田间监测）、网络信息服务控制中心（服务器）、图像分析与数据处理中心、决策诊断与评价中心以及用户浏览中心构成。搭建了一个大型的环式的集棉花监测管理于一体的"一网三层五中心"监测诊断体系，实现了对棉花群体长势情况远程监测与 N 素营养状况的初步诊断与评价。

符号列表

英文缩写 English abbreviation	英文表述 English expression	中文定义 Chinese definition
PRPMT	Plant remote physiological monitoring technique	作物远程生理监测技术
CCD	Charged-coupled device	电荷耦合器件（感光元件）
DIRS	Digital imagerecognition system	数字图像识别系统
RGB	The model of Red/Green/Blue	三基色色彩模型
HIS	The model of Hue/Intensity/Saturation	饱和度色度亮度色彩模型
JPEG	Jointphotographic experts group	图像文件存储格式
SDHC	Securedigital high capacity	安全数字高容量存储卡
R	Red value	红色分量值
G	Green value	绿色分量值
B	Blue value	蓝色分量值
H	Hue value	色调色度分量值
I	Intensity value	亮度分量值
S	Saturation value	饱和度分量值
SC	Sunlitcanopy	光照冠层
ShC	Shaded canopy	阴影冠层
SS	Sunlit soil	光照土壤层
ShS	Shaded soil	阴影土壤层
CC	Canopy cover	冠层覆盖度

（续表）

英文缩写 English abbreviation	英文表述 English expression	中文定义 Chinese definition
$NDVI$	Normalizeddifference vegetation index	归一化植被指数
RVI	Ratio vegetation index	比值植被指数
r	The normalized R value	归一化红色分量值
g	The normalized G value	归一化绿色分量值
b	The normalized B value	归一化蓝色分量值
$G-R$	Green mine Red value	阈值化绿色与红色差值
$2g-r-b$	Excess green value	超绿色值
G/R	Green ratio Red value	阈值化绿色与红色比值
PAR	photosynthetically active radiation	光合有效辐射
η_Q	Photosynthetic effective coefficient	光合有效系数
GDD	Growing degree days	有效积温
SLA	Specific leaf area	比叶面积
TEP	The product of thermal effectiveness and photosynthetically active radiation	辐热积
$RTEP$	Relative TEP	相对辐热积（归一化处理值）
$AGBA$	Aboveground biomass accumulation	地上部生物量累积量
$AGBA_{max}$	The Maximum of above ground biomass accumulation	地上部生物量累积量最大值（归一化处理值）
$RAGBA$	Relative above ground biomass accumulation	相对地上部生物量累积量
AR	Accumulated rate	地上部生物量累积变化速率
RG_{ave}	The relative average growth rate of above ground biomass accumulation	地上部生物量累积相对平均生长速率
$ARTEP$	The relative product of thermal effectiveness and PAR after determination of the maximum accumulation rate of above ground biomass accumulation	地上部生物量最大累积速率出现时的相对辐热积
AR_{max}	The maximum accumulation rate of above ground biomass	地上部生物量最大累积速率
$ARAGBA$	The relative above ground biomass accumulation after determination of the maximum accumulation rate	生物量最大累积速率出现时的相对地上部生物量累积量

（续表）

英文缩写 English abbreviation	英文表述 English expression	中文定义 Chinese definition
LAI	Leaf area index	叶面积指数
RLAI	Relative leaf area index	相对叶面积指数（归一化处理值）
MLAI	Mean leaf area index	平均叶面积指数
MRLAI	Mean relative LAI	平均相对叶面积指数
LAI_{max}	The maximum of LAI	最大叶面积指数
RMSE	Root mean squared error	根均方差
RE	Relative error	相对误差
α	Degree of fitting	拟合度
COC	Coefficient of concordance	一致性系数
R^2	The R-Squared Coefficient of determination	决定系数
B/S	Browser/client	浏览器/客户端
3D	Three dimensional（digital cameras）	三维（数码相机）
4G	The 4 Generation mobile communication technology	第四代移动网络信息技术

目　　录

1 文献综述

1.1 选题背景

作物长势监测已发展到大尺度的遥感监测阶段,基于数码相机或视频获取数字图像的近地面遥感监测方法已经驶入了信息化的快车道[1]。其监测原理是利用机器视觉技术和现代物理元件传感器,组合数码照片、数字视频、决策模型以及其他文本信息的技术,从而构建作物长势监测图像视频库、模型库和知识库等数据库,并开发相关的数字图像识别系统软件、远程视频监测诊断系统软件,将复杂的农业生产与作物种植管理简单化,其操作快捷,覆盖面广。

我国已研发和投入生产使用的作物长势监测系统大部分主要应用于作物形态特征监测[2,3],构建长势监测模型等[2,3],已取得了一定的经济效益。但这些系统难以实时快速准确地获得作物苗情信息[1],更不能获取影像数据。因此,加快基于计算机视觉技术的大田作物长势长相研究尤为重要。其监测手段将会成为作物长势监测与诊断的全新领域。

棉花是新疆农业生产的支柱产业,其生长发育进程受环境因素、人为因素和其自身因素三者的影响。目前,新疆棉花近地面遥感监测技术还存在着一定的问题和缺陷。根据新疆本地的实地情况和现代农业信息化棉花生产技术要求的需要,如何利用数字图像和视频监测等先进、快捷的监测手段进行决策分析,评价棉花的生长变化趋势和 N 素营养状况。如何在成本降低产量提高前提下合理施肥、有效管理。在信息技术飞跃发展的今天,移动网络信息技术 4G(The 4 Generation mobile communication technology）已经为作物长势监测创造了基础，它集成 3G 与 WLAN 技术于一体，而且传输视频图像信息质量高，那么通过无线网络自动、实时、快速、准确、量化、无损地获取棉花群体表象颜色表征，利用计算机视觉技术、图像分析与处理技术和农业物联网技术尽早地掌握棉花各生育期内长势情况，实时地获取棉花长势信息显得尤为重要。

1.2　研究目的及意义

1.2.1　目的

　　构建基于计算机视觉技术的棉花长势监测与诊断远程控制系统研究的主要目的有 3 个。其一，通过无线网络远程自动传输快速无损获取监测信息，得出监测结论，为棉花长势信息提供技术指导，为农业生产提供技术支持；其二，充分利用现有资源和农业物联网系统，使监测结果具有可靠性和广泛性；其三，监测结果具有科学性。因此，建立棉花数字图像长势监测诊断技术与方法，对棉花长势长相经过数码照片或视频图像等自动化远程监控和智能化管理是十分有必要的。

1.2.2　意义

　　本研究采用计算机视觉技术与农业物联网技术相结合的方法，通过数码相机和高清数字摄像头在棉田自动实时获取棉花生育期内群体冠层图像，通过图像分割算法自动提取棉花群体颜色特征参数值，并建立颜色特征参数与棉花群体指标间的监测模型。其方法新颖，数据获取量大、速度快、精度高、优势显著，解决了传统人工目测和手工测量方法带来的误差或错误，减少了主观人为因素，节约了劳动力资源，是潜力较大的近地面遥感监测方法。可小面积监测也可大范围拓展，对精准农业和智能化农业的发展有着极其重大的意义。

　　本系统将机器视觉、数字图像、人工智能、无线网络通信等多种信息技术与棉花栽培管理过程科学结合[4]，快速诊断与跟踪决策棉花的 N 素营养状况，对于科学施肥、提高棉花 N 利用效率等具有重要的意义[5]。对于提高棉花品质、保护环境有着积极的推动作用。对于制定地域经济发展规划和农场种植者生产管理实施都具有积极的现实意义[6]。对于促进我国农业信息智能化发展有着重要意义，对于快速提取棉花群体冠层颜色特征指标并探索评价其长势状况的新方法有着重要的推动意义。对于缓解农业专家和技术人员不足、加快农业科技成果转化，推进农业信息化建设具有相当重要的意义。

1.3　国内外研究进展及分析

1.3.1　作物长势监测技术的发展

作物长势监测是将遥感技术应用于农业生产尤为重要的任务之一[7,8]。大尺度的农作物长势监测[9,10]，目的是为了提供及时的、可靠的、准确的田间管理信息，尽早预测产量以及为农业政策制订等提供可靠的依据[9,10]。基于计算机视觉化的作物长势监测技术是现代信息化农业发展的必然产物，必将成为现代农业监测技术的核心。

作物长势监测方法研究经历了定性到定量监测[11,12]，再到综合监测的过程[11,12]。在这期间国外学者对作物大面积监测取得了突破性的进展。我国栽培科学家主要集中在定量化指标监测体系的研究[13]，从而探讨作物长势监测的具体指标变量[13]。随着计算机视觉技术[14-18]、数字图像处理技术[14-21]、无线网络传输技术等许多高新技术的飞速发展[19,21]，这些高端技术在作物生长信息中已经逐步得到应用[14-21]。但基于农业物联网的作物远程监测技术与方法才刚刚起步[19,21]。因此，加快网络化、自动化作物长势长相监测与诊断研究，实现作物长势远程实时监控和监测系统的研发是不容忽视的。

1.3.2　基于数字图像识别与分析的作物长势监测研究现状

应用数字图像识别与分析处理技术对农作物长势信息跟踪监测已成为研究的主流[22-30]。多年来国内外学者通过计算机视觉技术在作物长势监测方面，进行了积极进取的探索和研究，并取得了丰硕的成果[31-47]。在这个新型研究领域中，通过数字图像识别提取作物长势长相监测指标研究很多[22-47]，如作物形状指标株高，群体指标叶面积指数和生物量等；管理指标有杂草识别、病虫害监测以及营养指标等[48]，为此领域的进一步发展奠定了坚实的基础。我们通过分析类聚和总结归纳发现，主要集中在叶面积、株高和生物量测量、叶片的形态识别、作物水分和营养信息监测、杂草和土壤背景识别、病虫害识别等几个方面的应用[2,49-51]。

1.3.2.1　叶面积测定

基于数字图像处理技术测量 LAI 已取得了新的研究成果。在国外 Mayer 等首次研发了一个基于数字图像的作物长势监测系统[52]，该系统采用三角形逼近法测量 LAI[52]，取代了传统的有损测量。美国学者 Trooien 和 Heermann 等[53]探讨利用图像分割方法测量马铃薯叶面积的方法。先假设叶片是一个平面，再从 3 个互相垂直的角度采集植物图像，经过中值滤波、阈值分割计算各个图像中叶片面积，然后将 3 幅图像计算出的叶面积在三维空间中合成为植物真正的叶面积。并用图像处理进行计算，再与植株体积建立二次方程获取叶片实际面积的大小。但此方法未能从图像中分割出土壤背景，为了监测准确，在作物后放置一个黑色背景，将图像中目标作物与背景分离，便于阈值分割[53]。国内利用数字图像处理技获取作物 LAI 的研究也取得了大量的成果。徐贵力等研制了叶面积活体采样箱，以数字图像处理技术为依据，不采摘叶片即可进行无损测量 LAI，此方法用参照物在图像中所占像素数与叶片在图像中所占像素数的比值得出实际叶面积值[54]。张仁祖等提出了一种基于扫描仪和 Photoshop 测定 LAI 的方法[55]，该方法在扫描仪上添加一个标准参照物，省去了计算像素大小等复杂过程，简化操作流程，提高测量精度。张健钦等研究并开发了用于测量叶片面积的软硬件系统，实现了单片叶面积的测算[56]。

1.3.2.2　株高测定

利用数字图像来监测作物株高已经成为可能，国外学者 Shimizu 和 Heins 开发了作物长势分析计算机视觉系统，用红外摄像机采集白天与夜晚两种条件下的作物图像。经过图像处理提取作物茎高，并将株高作为作物生长速率的重要监测指标[57]。Casady 等应用机器视觉技术，根据水稻与土壤背景在图像中的亮度差异进行分割，从而提取水稻的长势信息，并应用数学形态学方法消除阴影及噪声，通过二值化图像提取水稻高度[58]。国内白景峰等基于数字图像处理技术分析了 12 种针叶苗木的株高[59]。李长缨等在温室内利用数字图像处理技术实现了作物的无损监测，从图像中提取株高等长势信息[60]。

1.3.2.3　生物量测定

生物量是表征作物长势状况最直接的指标。国外 Van Henten 等研究了葛芭覆盖度 CC 与生物量间的关系，建立了 3 种关系模型[61]，得到一个线性回归模型。结果表明，图像处理方法误差小于 5%[61]。国内武聪玲等对温室黄瓜单株幼苗生长进行无损监测。通过计算机视觉技术获得黄瓜叶冠投影面积，然后人工获得干鲜重，通过相关性分析，得出叶冠投影面积与茎叶干、鲜重的 R^2 分别为 0.874 和 0.914。这表明，通过叶冠投影面积来预测植物的干、鲜重已成为可能[62]。王娟等通过对棉花群体数字图像分析，提出在整个生育期内覆盖度 CC 与生物量间相关性显著[63]。李荣春等用数码相机拍摄大田玉米拔节和大喇叭口期的冠层图像，提取的图像覆盖度 CC 与干物质积累量间极显著相关[64]。以上研究表明数字图像处理技术获得作物冠层覆盖度 CC 的方法能准确预测作物的生物量。

1.3.2.4　作物形态识别

作物的外部形态是反映作物长势长相的重要指标，是植株空间分布和冠层结构构成和生长发育进程的重要因子。在国外，Humphries 等将作物的彩色信息与几何特征相结合，用于对叶片、茎秆、主茎、嫩芽等各个部分的识别[65]。Guyer 等建立了叶片形状分析与作物识别的智能视觉系统。该系统提取了 17 个定量描述叶片形状的视觉特征[66]。Casady 等通过图像处理，用计算机视觉技术获得了水稻植株高度、宽度、叶片的伸展度与面积等植株特征信息[67]。在国内，李少昆等利用图像分割方法提取玉米、小麦株型信息，建立图像特征参数与农学属性间关系，提取了叶片长度、茎叶夹角、叶倾角等能反映玉米株型信息的多个特征参数，并构建了叶幅值、叶均角、株幅值、茎叶距等 7 个基于图像技术的新指标[68]。冯辉等自行研发了能测量番茄叶片基角、开张角、垂角、开张度、垂度、叶长、叶宽以及株高、株幅、节间长和茎粗等株型参数[69]。郭炎等利用三维数字技术对不同生育期玉米冠层形态结构进行了测定，建立了玉米可视化模型，分析了玉米冠层三维结构特征和形态结构对玉米冠层空间光分布的影响[70]。如叶面积、叶片周长、叶片位置、叶片长度、叶片宽度、叶柄夹角、叶片个数、节间位置、节长度、节直径、茎秆直径（茎粗）、株高等。总之，基于计算机视觉技术的作物形态识别主要应用于形状规则或形状已知的物体测量。由于作物生长背景复杂，生长形态差异较大，目前在目标识别、立体匹配、三维重建等应用仍存在一定的局限性，因而需要研究更高效的解决方案和图像处理算法[71]。

1.3.2.5 作物水分监测

水分是作物的主要组分，受自然环境影响。水分亏缺是制约农业生产发展的普遍问题。随着图形图像处理技术与方法的成熟发展，基于该技术的作物水分胁迫诊断研究层出不穷。Seginer 等通过机器视觉监测技术提出以叶尖的下垂度作为反映作物缺水指标[72]。Shimizu 等通过采集植株图像获其昼夜生长率参数，并利用该参数计算作物的水分用量、蒸腾作用等，并且建立作物生长模型[73]。Kacira 等研制了一个非接触式作物连续监测系统，不间断地测量温度、湿度、光照等环境因子，并建立作物水分状况控制灌溉系统[74]。因此可见，利用数字图像技术进行作物水分监测与诊断是反映作物生长状态的一项重要生理指标。

1.3.2.6 作物养分监测

作物营养状况可通过叶片颜色反映出来，多年来国内外学者通过大量的研究分析应用数字图像技术进行作物营养监测与诊断。Ahmad 等用 GRB、HSI、grb（归一化 RGB）评价玉米缺氮对叶片造成的特征变化[75]。Singh 等根据图像分析，判断水稻中期的生长情况通过冠层图像尺寸大小来确认，建立了水稻生长情况、施肥量与产量间的模型[76]。Chen 等利用计算机视觉技术来进行作物营养分析和评判[77]。Karcher 等采用计算机视觉分析法，得出光谱参数 $DGCI$ 与牧草 LAI、生物学产量、植株含氮量等有极显著的相关性[78]。由此可见获得光谱参数可以有效估算作物生物学参数是一种方便快捷的诊断方法[78]。Chaerle 等利用红外热摄像机、彩色录像机、叶绿素荧光摄像机研究四季豆营养状态和生物胁迫[79]。张彦娥等应用计算机视觉技术研究了诊断温室作物营养状态的方法[80]。李红军等利用数码相机对作物冠层进行拍照，通过图像处理获得作物色彩参数，根据色彩参数与作物氮素营养状况的关系对其氮素丰缺进行诊断[81]。董鹏等建立了基于计算机视觉和土壤 Nmin 的棉花氮素营养诊断和氮肥推荐系统（FertiExp）[82]，并推广应用与示范[82]。以上研究表明计算机视觉比人眼视觉能更早更快地发现作物营养匮乏所表现的细微症状，为种植户及时进行作物营养补给提供理论支撑。

1.3.2.7 杂草与土壤背景等识别

应用数字图像处理技术的发展可用来除草、杀虫和对土壤背景分割等效果明显，成为农田信息管理的新思路。美国 Lee 等学者研制了智能杂草系统，该系统能够准确地识别出杂草，并进行定位，还能喷洒药剂清除杂草，达到了非常好的效果[83]。Adamsen 采用数码相机拍摄雷斯克勒和油菜开花时图像，通过计算机程序自动裁减土壤等背景，采用距离识别法识别了雷斯克勒的花数[84]。纪寿文等利用图像处理对玉米苗期杂草进行识别，并测得投影面积、叶长、叶宽等形状参数，确定杂草的分布密度，为精确喷洒除草剂提供依据[85]。毛文华等采用形状分析法来识别稻田杂草，进而确定杂草位置[86]。吴兰兰等用二值图像提取玉米苗期杂草形状、纹理、小波能量及分形维数等特征参数，使用 BP 神经网络分类器识别杂草[87]。由此可见，基于数字图像处理技术进行田间杂草处理、土壤背景分割等研究具有广泛的应用前景。

1.3.2.8 病虫害等其他方面监测

Ridgway 等研制了一个计算机视觉系统来检测小麦粒内部的害虫侵染[88]。在 30cm×14.5cm 的盘子中放置小麦粒样本，在硅探测器 CCD 摄像机镜头前放置一个滤光片来获取 981nm 波长的近红外图像，CCD 镜头距离样本 107cm，实际视场为 6.5cm×6.5cm，100W 标准白炽灯阵列作为光源置于盘子上方 34cm 处[89]。Ridgway 研制的此系统也可去除小麦粒样本中的其他异物，并使每幅图像中互不接触的单层小麦粒不多于 25 个[89]。研究发现，用模板消除对害虫侵染检测的干扰，即可定位小麦粒内部最重要的亮斑，然后运用阈值来确定亮斑是否和幼虫侵染有关。其中白色菱形区域内部为害虫最有可能侵害的区域[89]。Shatadal 等利用颜色参数对大豆种子图像分析，采用神经网络对健康种子、青霉为害种子、豆象蛀食种子进行分类训练，研究结果表明，此方法不能准确识别豆象为害的种子[90]。Phipps 等采用数码相机记录棉花冠层来预测棉苗后期死亡率[91]，并能及时诊断棉花苗期病害危害程度，以便做出是否复播决策[92]。

1.3.3　作物长势监测远程控制技术国外研究现状

作物长势监测远程监测技术主要采用 CCD 摄像机远程采集图像数据，通过有线、无线网络或移动网络将摄像机拍到的远程图像传输到控制中心，控制中心对图像进行处理，提取相关变量参数值。目前采用 CCD 摄像机远程监测植物长势长相信息研究还比较少，大多采用作物远程生理监视技术 PRPMT（Plant Remote Physiological Monitoring Technique），通过在植株体上安装各种传感器探头，监测环境因子和作物生理指标的变化情况[93]，如土壤水分含量等。Hiroaki 等开发了静态图像网络实时获取系统[94]，该系统由摄像机支持系统和两个子系统组成。摄像机支持系统使网络用户能够控制摄像机的方向和焦距，并实时获得静止图像。数据库支持系统的服务器向用户提供已采集的图像。数据库支持系统与摄像机支持系统协调工作，定期将自动获得的田间图像以远程数据库的形式提供给用户，用户可以根据拍摄时间检索采集到的图像。

自 2001 年开始，发达国家大力发展田间服务器/现场监控器[94]，如日本的田间服务器，它是一种带有无线联网模块（只要有手机信号，即能联网）的嵌入式 WEB 服务器，由太阳能板供电[95]，非常适合于农村和偏远地区使用。田间服务器/现场监控服务器由耐久性框体、网络服务器、各种传感器（温度、湿度、光照强度、土壤水分、叶片湿润度、CO_2 浓度、UV（紫外线）、害虫计数、振动、气压、GPS、放射线、NMR（核磁共振）和分光等传感器、无线网卡、网络相机、超高辉度 LED 照明等组成，可利用光电继电器对外部设备进行控制[96]。由于这些现场监控服务器不具备存储检测数据和图像的功能，只能依靠日本中央农研计算中心内的 8 台计算机组成的 PC 群日夜运行代理程序对全世界的现场监控服务器进行信息采集存储作业。该代理程序采用 Java bean、Java Servelet 等技术，较好地实现了作物长势图像信息的回放功能[97,98]。

目前，国内利用计算机视觉技术进行作物长势远程自动监测的研究还不多。作物远程生理监视技术的研究与应用相对来说起步也较晚。赵晓勤等利用"植物对话"监测系统对荔枝园中的大气温湿度、土壤湿度、光照强度、大气蒸汽压差等环境因子以及果实生长、叶片温度等树体生理指标进行了监测[99]。孙忠富等研究基于 GPRS 和 WEB 的温室环境信息采集系统,采用 ASP. NET 技术和 B/S 模式成功地实现了对温室中空气和土壤的温度、空气湿度、CO_2 浓度和光照强度的远程检测[100]。并指出,检测数据的精度与偏差主要取决于传感器的精度与误差[100]。杨青等研究了一种基于 WEB 网的静态图像获取技术,搭建了基于 WEB 的作物图像获取及管理系统[100,101]。刘尚旺等将网络技术、计算机视觉技术和图像处理与数据分析技术相结合的思想,建立了基于 B/S 模式的玉米长势信息远程监测系统雏形[103]。

1.3.4 数字化远程视频监测系统国外研究现状

远程视频监测系统是第 1 代模拟监控系统,是以模拟设备为主的闭路电视监控系统。随着计算机视觉技术的提高,人们利用计算机的高速数据处理能力进行视频采集,得到高分辨率、多画面显示的高清图像,提高了图像质量,从而实现了第 2 代数字化的网络监控系统,该系统是基于 PC 机的多媒体中控系统。20 世纪 90 年代末,计算机处理能力、数据存储容量和网络速度快速提高,各种实用视频处理技术的出现,从而诞生了第 3 代全数字化网络多媒体视频监控系统[104]。数字化系统经过了 3 个阶段的发展演变[104]。第 3 代视频监控系统以网络为依托,以数字视频的压缩、传输、存储和播放为核心,以智能实用的图像处理与分析技术为特色[105,106],受到了学术界、产业界及用户的高度重视。总之,远程视频监控方式与视频监测系统正发生着巨大的转变和转型,数字化、网络化视频监测系统可通过统一的基础设施来实现成本优势,并且把应用与设施管理集成、合并到一起,提高扩充和改变的灵活性[107]。远程数字视频监测系统的发展见图 1-1 (数据来源引自 2012 年中国视频监测行业研究报告)。

目前田间服务器的前端摄像视频监测系统主要采用较普及的第 3 代视频监控系统,它以计算机通信网络为信号传输介质,以服务器端及浏览器端为监控终端,实现全程数字化、网络化和集成化。具有高度的开放性、集成性和灵活性。

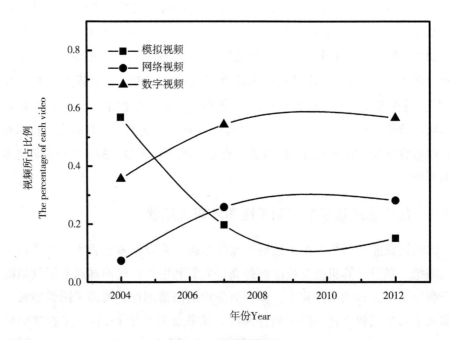

图 1-1　视觉系统发展

Fig. 1-1　The development of digital video monitor system

其智能实用的图像处理与分析技术特色明显，方便实用。

　　作为作物长势视频监测远程控制系统来说，由于 WEB 网络具有极大的灵活性和可推广性，在任何地方均可非常容易地接入田间网络服务器，而访问者可以通过网络从任何地点随时获取作物长势视频信息[108]。其监测系统的规模可以局限在本地的某一个具体位置，也可以扩展到全球。

　　通过以上 4 个方面的发展现状分析可知，利用计算机视觉技术、数字图像处理技术和数字视频监测技术进行作物长势长相远程监测方法，为基于计算机视觉技术的棉花长势监测系统构建研究的提出，提供了客观的理论依据和技术支撑。利用数字图像分割技术对棉花各生育阶段生理指标和生态指标进行无损实时监测，需要设计监测标准，建立模拟模型，构建系统模块。

1.3.5 基于图像识别的区域化作物长势监测存在的问题

1.3.5.1 监测指标量化存在的问题

随着计算机视觉技术和传感感知采集技术在农业生产应用上的突飞猛进,计算机图像识别技术在农业研究中越来越广泛,研究内容也越来越多,但是从总体上看,研究还停留在图像分割方法与计算机程序算法的可行性研究,对于通过图像识别技术的作物高产或超高产理想株型研究不多,对于理想作物 LAI、株高等群体信息量化指标不明确,应通过图像识别中存在的差异,提取作物各颜色特征参数,寻找其相关性与发展变化规律。

1.3.5.2 监测方法和监测手段改进存在的问题

由国内外研究现状可知,虽然不断地完善和创新作物长势监测方法,监测手段,同时也包括更新监测工具与监测系统等,但是基于无线网络的作物长势信息远程监测系统研究甚少。随着数码设备性能的不断提高,视频传输技术成本的逐步降低,为作物长势远程动态监测创造了良好的机遇。这需要我们不断探讨现代新型监测设备数字化分析方法,探讨计算机视觉技术程序化判定指标对作物各属性的实时快捷诊断、推理决策。

因此,本研究提出的"基于计算机视觉技术的棉花长势监测与氮素营养评估远程诊断系统构建",是基于数码照片与图像处理技术的棉花长势长相监测、氮素评价以及基于农业物联网模块化和网络化的决策诊断体系,将为棉花的数字信息提取、监测参数量化等开辟一条崭新的途径。

2 研究思路与方法

2.1 研究内容

　　针对不同 N 素水平下棉花群体冠层在整个生长发育过程中表现出不同的颜色特征，本研究选用数码相机和 CCD 数字摄像头作为机器视觉实时监测设备，运用数字图像处理技术提取棉花冠层覆盖度以及不同颜色特征参数，利用统计学方法分析建模，建立棉花冠层图像特征参数与棉花 3 个农学属性（植株 N 累积量、叶面积指数和地上部生物量累积量）间定量模型，并通过不同生态点高产田独立试验对模型进行检验。另外，针对棉花冠层受辐射和热量等环境因子的影响，建立基于辐热积与生物量和叶面积指数间动态模型，进一步探讨应用计算机视觉技术对棉花进行长势监测与诊断。力图搭建一套融合计算机视觉技术、农田物联网技术和远程监测技术于一体的棉花长势监测与氮素诊断系统。实现对棉花长势信息和氮素营养状况快速监测、准确诊断。主要研究内容包括以下 5 个方面。

2.1.1 棉花群体冠层图像获取

　　棉花群体冠层图像获取设备为数码相机或 CCD 摄像头。于 2010—2011 年开展 5 个氮素水平小区试验和 2012 年 3 个高产田试验，设计实时无损监测标准，获取棉花各生育期生长发育动态高清图像。监测标准主要包括监测范围、监测高度、监测时间、监测设备硬件配置、参数设置、图像保存格式与位置等。

2.1.2 数字图像分割

运用图像处理算法对棉花群体图片进行分割，采用 VC++ 程序设计语言和 MATLAB 图形处理软件编写的数字图像识别系统对获取棉花原始图像进行预处理，并分离棉花冠层与土壤背景层，提取 R、G、B 值，并通过 RGB 模型与 HIS 模型的转换，获取 H、S、I 值，通过阈值算法计算覆盖度 CC 以及 $G-R$、$2g-r-b$、G/R 等不同特征颜色参数。

2.1.3 模型建立

分析不同特征颜色参数 CC、$G-R$、$2g-r-b$、G/R 等与棉花 3 个农学属性间的相关性。选择最敏感颜色特征参数，找出各特征值与农学属性之间的关系函数表达式，并建立定量数学分析模型，最后探讨基于计算机视觉技术的环境生态因子辐热积与棉花生物量累积、LAI 间动态关系，构建其关系模型。

2.1.4 模型检验

为了校验所建模型的准确性与精确度，选取北疆 3 个不同生态点的高产田试验对模型进行验证，分析其数据误差，对模型进行充实优化和完善，得到最优模型，实现对新疆棉花生长发育进程中各参数或属性的高效监测与快速诊断。

2.1.5 远程监测与诊断服务平台搭建

针对新疆棉花长势监测与远程诊断的必要性以及用户需求的迫切性，以农业物联网技术为监测基础，以计算机视觉技术为监测目标，搭建棉花长势长相监测中心（监测站）、网络服务控制中心（服务器）、图像分析中心、远程决策诊断中心和用户浏览中心，实现 5 个中心为一体的监测诊断平台。

2.2 试验材料

2.2.1 小区试验

试验 1 于 2010—2011 年在石河子大学农学院田间试验站（44° 20′ N，

86°3′E)进行。供试品种新陆早 43（XLZ 43）和新陆早 48（XLZ 48）。2010 年 4 月 20 日播种，4 月 30 日灌出苗水；2011 年 4 月 16 日播种，4 月 21 日灌出苗水，留苗密度均为 26 万株/hm²；采用膜下滴灌。小区面积 20m×3.3m，株行距配置为（10cm+66cm+10cm）×10cm 种植模式（图 2-1a）。设置 5 个 N 水平处理，即：N0（0kg/hm²）对照、N1（120kg/hm²）、N2（240kg/hm²）、N3（360kg/hm²）、N4（480kg/hm²），完全随机排列，重复 3 次。小区试验分布图（图 2-2）。

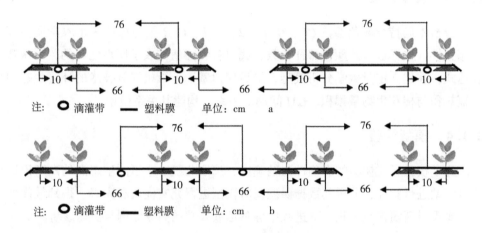

图 2-1　小区棉花种植模式

Fig. 2-1　Diagram of the planting pattern in the cotton plots

各 N 处理作为追肥随水施入，各小区间用防渗带隔开，独立滴灌，全生育期灌水 11 次，灌水总量 5 400m³/hm²，其他管理措施按当地大田高产棉田进行。各试验小区播前一次性施基肥 P_2O_5 150kg/hm² 和 K_2O 75kg/hm²，N 肥作为追肥，随滴灌水施入，苗期第一次滴灌水施入 10%，棉花现蕾阶段施 25%，开花阶段施入 45%，盛铃期或吐絮前期施入 20%，具体的施肥量见表 2-1。

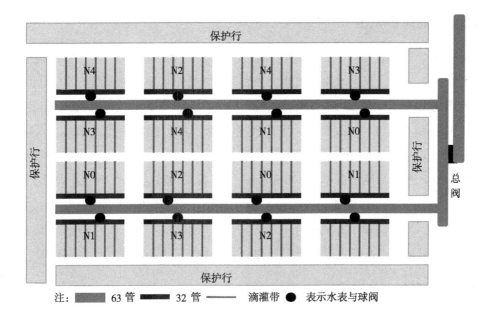

图 2-2　小区试验分布

Fig. 2-2　Plot experiment distribution diagram

表 2-1　小区试验肥料使用量

Table 2-1　Fertilizer application rates in the plot experiments

处理 Treatment	总肥料 Total fertilizer （kg/hm²）			基肥 Amount applied at planting（kg/hm²）			追肥 Amount of N fertilizer applied as topdressing（kg/hm²）		
	N	P₂O₅	K₂O	N	P₂O₅	K₂O	蕾期 Bud stage	花期 Bloom stage	盛铃期 Full boll stage
	分配比例 Distribution ratio			10%	100%	100%	25%	45%	20%
N0	0	150	75	0	150	75	0	0	0
N1	120	150	75	12	150	75	30	54	24
N2	240	150	75	24	150	75	60	108	48
N3	360	150	75	36	150	75	90	162	72
N4	480	150	75	48	150	75	120	216	96

2.2.2　高产田试验

试验 2 于 2012 年 4—10 月进行，在北疆北纬（43°06′~45°20′）范围内高产棉区选择 3 块有代表性的独立田地，分别为第六师 105 团 2 连 9#地、第八师 149 团 5 连 3#地和 150 团 19 连 6#地。供试品种分别为新陆早 48（XLZ 48）、标杂 A_1（BZ A_1）和中垦 71（ZK 71），采用膜下滴灌，株行距配置为（10cm+66cm+10cm+66cm+10cm）×10cm 适宜机采的种植模式（图 2-1b），留苗密度均为 24 万株/hm^2，全生育期滴灌水 5 400m^3/hm^2，施 N 肥 375kg/hm^2，P_2O_5 150kg/hm^2 和 K_2O 75kg/hm^2。田间的其他管理措施（如灌水、施肥时间，打顶以及其他化学控制等）均按试验 1 方案进行。

本研究试验 1 数据主要用于模型建立，试验 2 高产田数据用于模型检验。

2.2.3　试验地土壤属性

本研究 5 个 N 素水平的小区试验在新疆石河子大学试验站田间试验站进行，距离石河子市气象局气象监测中心 0.5km 处。小区试验地前茬为棉花，土壤质地中壤，灰质土。小区试验地 0~60cm 土层属性情况（表 2-2），试验 2 高产田土壤属性见内容 7.1.1。

表 2-2　试验 1 地 0~60cm 土层土壤属性

Table 2-2　Selected soil physical and chemical properties（0~60cm depth）in experiment 1

参数（Parameter）	年份（Year）	
	2010	2011
黏土　Clay（%）	21±2.23	19±1.94
粉土　Silt（%）	38±2.31	34±1.43
沙土　Sand（%）	43±3.19	41±2.26
pH 值　pH Valve	7.51±0.32	7.72±0.18
有机质　Organic matter（mg/kg）	25.46±0.95	26.35±1.11
速效氮　Alkaline-N（mg/kg）	60.83±2.49	58.72±1.65
速效磷　Olsen-P（mg/kg）	28.46±4.24	22.13±1.33

参数（Parameter）	年份（Year）	
	2010	2011
速效钾　Available K（mg/kg）	342.54±54.13	313.42±32.17
土壤容重　Bulk density（g/cm³）	1.26±0.32	1.27±0.19
体积含水量 Saturated volumetric water content（%）	30.11±0.12	32.57±0.25

2.3　测试项目与方法

2.3.1　棉花农学参数测量与获取

2.3.1.1　叶面积测量

在试验 1 中，2010 年取样时间分别在蕾期（06-12、06-24）、花铃期（07-06、07-18、08-01、08-13）、吐絮期（08-25、09-08）进行，每次每处理取样 9 株。2011 年取样时间分别在蕾期（06-14、06-26）、花铃期（07-08、07-20、08-03、08-15）、吐絮期（08-27、09-11）进行，每次每处理取样 9 株。

在试验 2 中，2012 年 3 个高产棉田取样分别在蕾期（06-17、07-01）、花铃期（07-12、07-25、08-06、08-17）、吐絮期（08-28、09-08）进行。高产棉田取棉株样为每次 10 株。

试验期间，将棉株样分离为茎、叶、蕾、花、铃和絮等，采用 LI-3100C 数字叶面积仪（LI-COR，Lincoln，Nebraska，USA）测定单株棉花的叶面积 LA，然后计算叶面积指数（Leaf area index，LAI）。计算公式为：

LAI（m²/m²）=单株叶面积（m²/株）×单位面积株数（株）/单位土地面积（m²）。

2.3.1.2　地上部生物量累积

取样与 LAI 测量同步，同 2.3.1.1，于棉花现蕾、开花、结铃和吐絮期，分别在试验 1 的每个氮素处理（解释一个处理 3 次重复，也就是 3 个试验小区，一个小区 3 株，3 个小区 3×3=9 株）选取代表性的棉株 3 株×3=9 株，在试验 2 选取生长一致的棉株 10 株×3＝30 株，根据植株器官发育情况，将棉株样分离为茎、叶、蕾、花、铃和絮等，置于 105℃ 烘箱中杀青 30min，以 80℃ 恒温烘干至恒重时称量，测定其干生物量。然后计算单位土地面积的地上部生物量累积量（Aboveground biomass accumulation，*AGBA*）。其计算公式如下。

AGBA（g/m²）= 单株干生物量重（g/株）×单位面积株数（株）/单位土地面积（m²）。

或者：*AGBA*（t/hm²）= 单株干生物量重（t/株）×单位面积株数（株）/单位土地面积（hm²）。

2.3.1.3　地上部棉株氮累积量

取样同 2.3.1.1 与 LAI 和 *AGBA* 测量同步，每个小区取 3 株棉花带回试验室将棉株样分离为茎、叶、蕾、花、铃和絮等称鲜重，105℃ 杀青 30min 后 80℃ 恒温烘干 48h，粉碎或研磨。利用凯氏定氮法（Nelson and Sommers，1972）获取植株各器官的 N 含量，消煮液为 H_2SO_4-H_2O_2，通过分器官测定全氮含量，每个样品重复 3 次测定，最后计算出单位面积棉株 N 累积量（Aboveground total N content）。其计算公式如下。

棉株各器官全 N 累积量（N，g/kg）=（V_1-V_0）×C×14×100/（10×m）

其中，V_1 为样品测定所消耗标准酸体积（mL）；V_0 为空白试验所消耗标准酸体积（mL）；C 表示标准酸的当量浓度（mol/L）；14 表示氮原子的摩尔质量（g/mol）；100 表示第 1 次定容体积（mL）；10 表示吸取体积（mL）；m 为棉株样本各器官的质量（g）。

最后换算为国际上比较通用的单位，棉株各器官全 N 累积量（N，g/m²）。

如蕾全氮累积量：[（G×M/100）×20] /（1.2×0.6）

其中，G 是一株棉花的干重，M 是一株棉花含氮量的百分数，20 是长 1.2m 与宽 0.6m 面积上总共有 20 株棉花。叶、铃和茎干的全氮含量计算同上。

2.3.1.4　冠层 *NDVI* 值测定

在棉花各生育期，采用近地面遥感手持光谱仪（GreenSeeker™ handheld sensor，USA）测定棉花冠层的归一化植被指数值（Normalized differential vegetation index，*NDVI*）。为保证数据可靠性，选取每个薄膜中间长势均匀固定长度的两行棉花，测量时各行端保留 2m 缓冲区。测量时间与相机拍摄时间一致。重复 3 次，最后取平均值。在测定过程中尽量保持仪器感应探头与地面保持平行，且行进速度均匀，探头高度维持在冠层以上 60cm 左右。

2.3.1.5　产量测定

在棉花收获过程中，调查各小区棉株的单株铃数，记录每次实收的棉桃鲜重，测定其单铃重；并且分别对各重复分下层、中层、上层三层果枝部位取棉桃 50 朵，分别测定其单铃重；以各小区实际收获株数（株）×单铃重（g）×单株铃数（n）计算产量。

2.3.2　棉花冠层图像获取与图像分割

2.3.2.1　群体冠层图像获取

于 LAI、地上部生物量和植株 N 累积量取样时间推后 1d，选用 1 220 万像素 Canon EOS 450D（佳能公司，日本）数码照相机获得棉花植株冠层图像。数码相机安装在一个自制的铝合金单脚支架上，距地面高度 2.20m，镜头与地面垂直拍摄，单脚架安置在 2.05m 宽膜中间（即一个完整塑料膜中间位置，1.025m 处）位置，1 标准宽膜可以播种 6 行棉花，也就是安装在棉花种植模式的第 3 行和第 4 行中间位置，这样安装的目的是能保证拍摄时，每 1 张图片能完整获取 6 行棉株。

精准数字图像的获取难免会受到多种环境因子的影响，主要包括天气变化、光照强度等。为了确保清晰可靠的图像，根据新疆当地时间，拍摄时间段选为（北京时间 12：00—14：00）。天气状况良好，无风、无云或风速较小的晴空，每一张图像的分辨率为 4 272 像素×2 848 像素，图片存储格式 JPEG 格式。由于图像获取是针对棉花的每个生育期进行监测，相机必须设置统一标准，具体设置见表 2-3。

表 2-3　试验中数码相机佳能 EOS 450 D 硬件参数

Table 2-3　Hardware parameter of the Canon EOS 450D camera used in this study

佳能 EOS 450 D 硬件规格 Canon EOS 450 D hardware specifications	
设备与传感器大小（Image device and sensor size）	CCD，22.4mm×14.8mm

（续表）

佳能 EOS 450 D 硬件规格 Canon EOS 450 D hardware specifications	
镜头（Lens）	EF-S 18-55 mm, f/3.5-5.6
拍摄模式（Shooting mode）	Programmed auto
ISO 敏感度（ISO sensitivity）	Automatically changed from100 to 1 600
曝光时间（Exposure time）	2 seconds
存储图像大小（Image size）	(4 272×2 848) Pixels（about 4.3M）
存储卡（Storage device）	SDHC card（4 GB）
数据格式（Data format, compression）	JPEG, Fine

2.3.2.2 提取 RGB 模型与 HIS 模型颜色参数值

将 2.3.2.1 中获取的棉花群体冠层 JPEG 格式数字图像发送到计算机，基于 Microsoft Visual Studio. NET 软件开发平台，运用 Visual C++ 程序设计语言和 MATLAB 编写代码，将获取的每一张棉花冠层图像进行分割，数据处理，提取冠层图像对应的 R、G、B 值，并根据 RGB 模型和 HIS 模型两种颜色空间的相互关系，通过转换的函数获得 H、S、I 值。具体转化公式如下。

$$H = 360 - \cos^{-1} \frac{0.5[(R-G)+(R-B)]}{\sqrt{(R-G)^2+(R-B)(G-R)}} B > G$$

$$H = \cos^{-1} \frac{0.5[(R-G)+(R-B)]}{\sqrt{(R-G)^2+(R-B)(G-R)}} B < G$$

$$S = 1 - \frac{3}{R+B+G}[\min, (R, G, B)]$$

$$I = \frac{1}{3}(R+B+G)$$

(2-1)

其中表达式中，当 $G>B$ 时，H 值在 [0, 180] 之间；当 $G<B$ 时，$H = 360-H$。

本研究棉花冠层图像背景分割与特征参数获取应用北京邮电大学和中国农业科学研究院联合开发的数字图像识别系统（Digital Image Recognition System, DIRS），提取试验 1 和试验 2 获取图片的 RGB 值和 HIS 值。为了方便不同层次的用户，本图像分割系统采用了绿色免安装打包，简单易用且够用，图像处理过程主要包括以下几个步骤。

步骤1：程序运行。双击运行可执行 EXE 文件，打开图像处理对话框，在该对话框菜单栏中选"文件"→"打开"，可使用打开命令按钮，在电脑中选择要打开的文件夹，选中监测过程中获取的棉花冠层图像照片。具体操作过程如图2-3所示。

图 2-3　打开棉花冠层图像对话框

Fig. 2-3　Opened the canopy image of the cotton dialog box

步骤2：选择图像格式类型。系统弹出"打开"对话框，在此对话框中可选择所处理图像的文件格式与类型，本系统覆盖了9种常用的图片格式。文件格式选择如图2-4所示。

步骤3：不同 N 水平棉花群体数字图像 RGB 分量值提取。本研究重点研究棉花群体特征图像。在步骤2中打开所选的棉花冠层图片，在菜单栏中单击"几何转换"或"群体分析"两个模块中"图片缩放"命令按钮，将图片调整到比

图 2-4 选择图像格式对话框

Fig. 2-4 Selected the image file format dialog box

较适中的大小，尽量满足冠层图像整体出现，占计算机桌面 1/3 面积大小适中，以方便区域范围的选取、图像分割和数据分析。值得注意的是若选中单击 "几何转换" 模块中 "图片缩放" 命令按钮时，系统默认将图片放大。若选中单击 "群体分析" 模块中 "图片缩放" 命令按钮，系统默认将图片缩小。当然这两种情况都可以填写缩放值。例如，若填写数值 0.25，则表示图片缩小为原来的 1/4；若填写数值 2，则表示图片放大为原图片的 2 倍。

步骤 4：在菜单栏中选中 "群体分析" 模块，选中子菜单 "绿色叶片识别" 命令按钮，将棉花图像分层处理，可得到图 2-5（此图表示苗期棉花冠层图像）棉花冠层部分图像（绿色植被被分割出来），即将冠层图片分割为冠层和土壤层 2 层。

步骤 5：在系统中菜单栏中，选择 "群体分析" 菜单，再选中 "颜色分析" 子菜单下的 "颜色特征" 命令按钮，将获得棉花各生育期冠层图像的 R、G、B 值和 H、I、S 值，如图 2-6 所示（此图为棉花蕾期冠层图像 RGB 值与 HIS 值）。

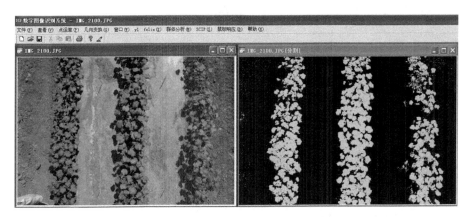

图 2-5　棉花冠层部分（绿色植被分离）

Fig. 2-5　The canopy image fraction（The separation of green vegetation）

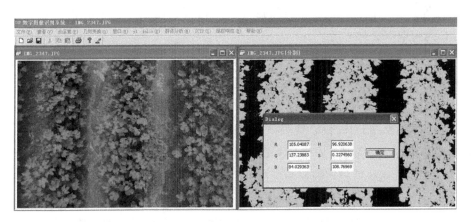

图 2-6　棉花不同生育期冠层图像 RGB 值和 HIS 值

Fig. 2-6　The RGB value and HIS value of the canopy image of cotton in different stages

2.3.2.3　不同特征颜色参数获取

方法同 2.3.2.2，采用图像识别处理软件获得的 RGB 值，提取不同特征颜色参数值，作为棉花长势监测诊断的重要变量指标。其中 g 为绿光标准值、r 为红光标准值、b 为蓝光标准值等其他参数表达式（2-2）~式（2-7）：

绿光标准化值： $\qquad g = \dfrac{G}{G + R + B}$ $\qquad$ (2-2)

红光标准化值： $\qquad r = \dfrac{R}{G + R + B}$ $\qquad$ (2-3)

蓝光标准化值： $\qquad b = \dfrac{B}{G + R + B}$ $\qquad$ (2-4)

绿光与红光差值： $\qquad GMRI = G - R$ $\qquad$ (2-5)

超绿色光值： $\qquad EGI = 2g - r - b$ $\qquad$ (2-6)

绿光与红光比值： $\qquad GMRI = G/R$ $\qquad$ (2-7)

2.3.3 覆盖度的获取方法

棉花冠层覆盖度（Canopy cover，CC）是指棉花群体（包括茎、叶、蕾、铃、枝等）在单位面积内的垂直投影面积所占百分比[39]。本研究棉花冠层覆盖度 CC 的获取有 2 种方法。

第一种方法是通过 2.3.2.2 图像分割法中提取图像的 R、G、B 值，利用前人推断的通用公式进行计算[118]，计算式如下：

$$CC = (1+L) \times ((G-R) / (G+R+L))$$ (2-8)

表达式（2-8）中，CC 代表棉花冠层覆盖度，R 代表图像中红光分量值，G 代表图像中绿光分量值，L 代表土壤基值，其值为 0.5[118]。将棉花数字图片进行图像分割，从而获取棉花冠层覆盖度，具体见图 2-7a。

第二种方法是利用冠层 RGB 值占整个图像像素数的百分比获取冠层覆盖度 CC。本研究采用图像分割处理，提取数字图像中棉花冠层和土壤背景层[39,44]，在前人研究的基础上改进思路[39,44]，从而获得棉花冠层覆盖度的值。简言之，是运用机器算法将棉花冠层图像分为冠层和土壤层 2 层。为了准确描述复杂自然环境中棉花冠层图像，将冠层图像分为光照冠层（Sunlit canopy，SC）与阴影冠层（Shaded canopy，ShC）；土壤层分为光照土壤层（Sunlit soil，SS）和阴影土壤层（Shaded soil，ShS）4 层。光照冠层和阴影冠层像素所占总像素的百分比之和为 CC。其数学表达式表示为：

$$CC = P_{SC} + P_{ShC}$$ (2-9)

$$P_{SC}+P_{ShC}+P_{SS}+P_{ShS}=1 \qquad (2-10)$$

表达式（2-9）中 CC 仍然代表冠层覆盖度，取值在 $0 \sim 1$，P_{SC} 代表光照冠层像素所占的百分比，P_{ShC} 代表阴影冠层像素所占的百分比，P_{SS} 代表光照土壤像素所占的百分比，P_{ShS} 代表阴影土壤像素所占百分比；式（2-10）表示的是这 4 个像素的百分比在整个图像中所占比例之和为 1。具体实例见图 2-7b。

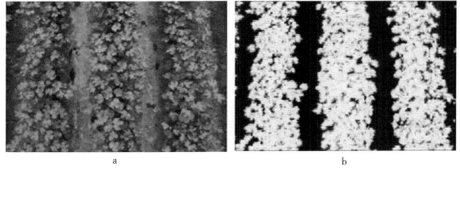

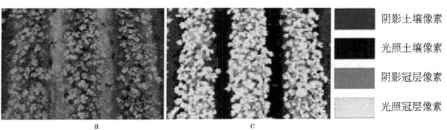

阴影土壤像素

光照土壤像素

阴影冠层像素

光照冠层像素

图 2-7　用数码相机获取棉田原始图像（a）；冠层绿色像素所占比例（b）；

冠层图像分为四层（c）；该图像计算出的覆盖度 CC 为 0.611 9

Fig. 2-7　（a）Image of the cotton canopy taken with a digital camera；（b）the proportion of green pixels in the image；（c）the segmentation of the cotton canopy into four parts. The canopy cover in both（b）and（c）was calculated to be 0.611 9

2.3.4　图像分割四层计算机算法

本研究采用棉花冠层图像识别 DIRS 对棉花原始图像进行预处理，改进棉花图像四分量分割算法[44,45]，将棉花冠层与土壤背景进行分离。提取棉田冠层的 R、G、B 值，对于拍摄的每一幅棉花冠层图像通过计算机算法分为 4 层，然后计算光照冠层和阴影冠层像素所占总像素数之和为棉花冠层覆盖度 CC 的值。棉花冠层覆盖度 CC 计算机算法如下：

If R<2. 6 B and R<G−5 and G>B+5 then canopy pixel

　　if R+G+B<200 then sunlit canopy（SC）pixel

　　else shaded canopy（ShC）pixel

　　end if

else soil backgrounds

　　if R+G+B>250 then sunlit soil（SS）pixel

　　else shaded soil（ShS）pixel

end if

End if

2.3.5　数字图像识别系统 DIRS 提取 *CC*

运用数字图像识别系统 DIRS 图像处理软件获取各生育期棉花冠层覆盖度 CC 的具体步骤如下：

步骤 1：前期操作步骤同 2.3.2.3 步骤 1 到步骤 4，然后选中菜单栏"群体分析"模块，在其子菜单下选中"冠层覆盖度"命令按钮，系统会按照第一种计算 CC 的方法加载程序，自动运行棉花冠层图像分割计算机程序算法，再运行其结果。当系统预处理去除图片噪声后，自动弹出"覆盖度 CC"对话框，并显示该图片 CC 值。如图 2-8 所示。

步骤 2：在系统菜单栏中选中"SCIP"模块，然后子菜单选项，选择"冠层分层处理"命令按钮，系统加载第二种 CC 计算机算法，将棉花冠层图像分割为 SC 与 ShC 两层；将土壤层分为 SS 和 ShS 两层。具体过程如图 2-9 所示。

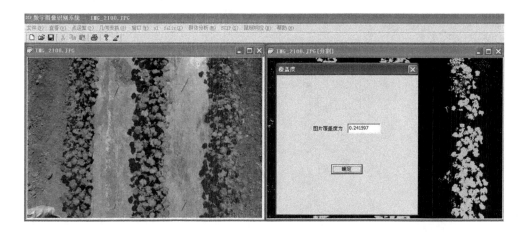

图 2-8   棉花冠层图像被分为冠层与土壤背景两部分，从而提取冠层覆盖度

Fig. 2-8   Theintact images contain two parts：plant canopy（sunlit canopy and shaded canopy）and soil（sunlit soil and shaded soil），and extracted the canopy cover

步骤 3：在 DIRS 系统菜单栏中选中"SCIP"模块，再选择"分层结果"命令按钮，系统自动弹出步骤 2 运行结果。具体过程如图 2-10 所示。

2.3.6   棉田气象生态数据获取

2.3.6.1   光合有效辐射 PAR 测量

PAR 测量有 2 种，第 1 种是能量系统 Q_{PAR}（W/m^2），第 2 种是量子系统 U_{PAR}（ μmol/m·s）[8,10,14,19]，本研究选用第 2 种方法，测量仪器为 Sunscan，计算公式为：

$$PAR = \eta_Q \times Q \qquad (2-11)$$

式中：η_Q 为光合有效系数[14,19]。Monrheith 等研究认为 η_Q 是一个常值，占太阳总辐射的 50%[29]，因此本试验根据棉花生育期太阳总辐射 Q 值取 η_Q 为 0.5。

2.3.6.2   气象数据采集

小区试验 1 气象数据来源于石河子气象局气象观测中心，该中心自动测定棉花整个生育期内逐日每小时的光合有效辐射（Photosynthetically active radiation，

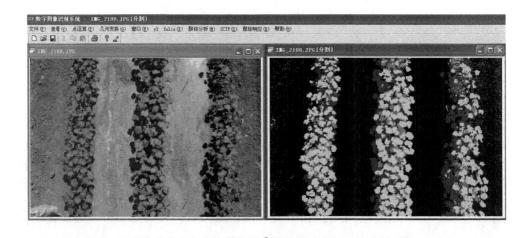

a

b

图 2-9　运用计算机算法分割棉花冠层图像分为 4 层

Fig. 2-9　Segmentation of the cotton canopy into four parts used to computerized algorithm

PAR)、太阳总辐射（Q）和温度（T），测定步长为 1h，1d 测 24 次；试验 2 气象数据由各团场气象监测中心提供。

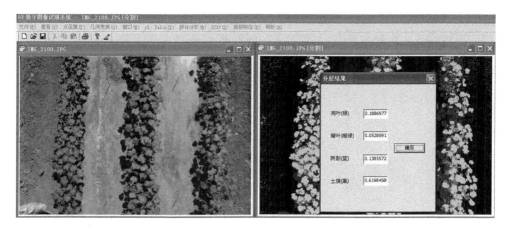

a

b

图2-10 棉花冠层图像四层结果值

Fig. 2-10 The four class values: sunlitcanopy（SC），shaded canopy（ShC），

sunlit soil（SS），and shaded soil（ShS）

2.3.6.3 辐热积 *TEP* 计算

辐热积的计算必须根据气象数据实时获取棉花整个生育期内的光合热效应 RTE。棉花各生长发育阶段的辐热积表达式：

$$RTE = \begin{cases} 0, & T \leq T_b \\ (T - T_b)/(T_o - T_b), & T_b < T < T_o \\ 1, & T = T_o \\ (T_m - T)/(T_m - T_o), & T_o < T < T_m \\ 0, & T \geq T_m \end{cases} \tag{2-12}$$

$$PAR = Q \times \eta_Q \tag{2-13}$$

$$HTEP = \begin{cases} RTE \times PAR \times 10^{-6}, & PAR > 0 \\ RTE, & PAR = 0 \end{cases} \tag{2-14}$$

$$DTEP = \sum_{i=1}^{24} HETP \tag{2-15}$$

$$TEP_{i+1} = TEP_i + DTEP_{i+1} \quad (i = 1, 2, 3, \cdots, n) \tag{2-16}$$

式中：RTE 为相对热效应；T_o 代表最适温度，T_b 代表最低下限温度，T_m 代表最高上限温度，T 为单位时间段平均温度，一般为 1h 的平均温度；棉花各生育期三基点温度[181]分别为：播种到出苗 $T_b = 12℃$，$T_o = 30℃$，$T_m = 45℃$；从出苗直至吐絮 $T_b = 12℃$，$T_o = 30℃$，$T_m = 35℃$；PAR 为 1h 内总光合有效辐射［μmol/（m²·h）］；$HTEP$ 为 1h 的辐热积［mol/（m²·h）］；$DTEP$ 为 1d 的辐热积［mol/（m²·d）］；TEP_{i+1} 为（$i+1$）d 的累积辐热积（mol/m²），TEP_i 为 i d 的累积辐热积（mol/m²），$DTEP_{i+1}$ 为第（$i+1$）d 的日总辐热积［mol/（m²·d）］。

2.4 数据分析与模型检验

2.4.1 数据分析

采用 SPSS17.0 进行方差分析和 LSD 法多重比较；采用曲线专家（Curve

Expert 4.1）或 Origin Pro 8.5 进行数据分析和拟合处理，采用 Origin Pro 8.5 绘制曲线图、模拟模型图和 1∶1 直线图等。

2.4.2 模型检验

模型检验方法通常用根均方差（Root mean squared error，*RMSE*）法，对模型模拟值和试验实测值进行比较，分析拟合度高低。也可采用相对误差（Relative error，*RE*）、一致性系数（Coefficient of concordance，*COC*）和拟合度 α 对模型进行评价，其检验公式如下：

$$RMSE = \sqrt{\frac{\sum_{i=1}^{n}(O_i - S_i)^2}{n}} \qquad (2-17)$$

$$RE = (RMSE\sqrt{O_i}) \times 100\% \qquad (2-18)$$

$$COC = 1 - \left[\sum_{i=1}^{n}(S_i - O_i)^2 / \sum_{i=1}^{n}(|S_i - \overline{O_i}| + |O_i - \overline{O_i}|)^2\right] \qquad (2-19)$$

$$\alpha = \sum_{i=1}^{n}(O_i - S_i)^2 / \overline{O_i}^2 \qquad (2-20)$$

式中：O_i 为实测值，$\overline{O_i}$ 为实测值平均值，S_i 为模拟值，i 为样本号，n 为样本容量。在模型检验过程中，当 *RMSE* 值越小，表明模拟值与观测值间的偏差越小，模型的预测精度则越高。也可通过 1∶1 直线及其回归方程决定系数（R^2）直观展示模拟值与实测值的精确度。

2.5 试验技术路线图

本研究技术路线图分为四部分，具体流程如图 2-11 所示。

（1）数字化图像采集。棉田冠层图像数字化获取，是本研究具备的第一步，通过定制单脚支架、设置固定高度、拍摄范围、拍摄时间以及相机设备的具体参数设置等，从而获取清晰准确的田间实时生长图像。

（2）视觉化图像处理过程。精准的图像处理是获取图像冠层参数的关键，是决定本研究数据好坏的重要因素，因此图像处理软件的选用，冠层参数值提

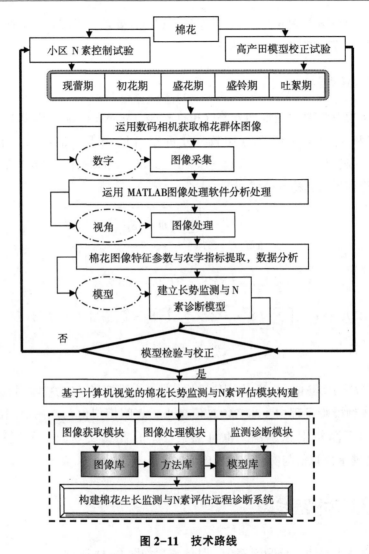

图 2-11　技术路线

Fig. 2-11　The flowchart of technology

取，是棉花冠层图像数据分析与处理的必要过程。

（3）模型建立与检验过程。获取了棉田冠层图像，提取了图像参数，那么冠层图像参数与农学参数间有怎样的关系，通过模型建立才能解决数字图像监测的目的，并用高产大田试验检验模型的精确度，使模型具有普适性和可推广性。

（4）模块化棉花长势监测系统构建过程。将研究成果通过决策系统模块化，并推广到农业生产实践，为现代农业信息化进一步发展提供技术参考。

2.6 拟解决的关键问题

本研究拟解决的关键性技术问题有以下几个方面。

（1）探讨数字图形处理软件将棉花冠层图像四层分割算法，应用计算机算法将棉花冠层与土壤背景层分离。

（2）棉花冠层覆盖度 CC 的计算及其计算机算法，建立棉花冠层覆盖度 CC 与地上部生物量累积 $AGBA$，叶面积指数 LAI，棉花群体冠层地上部氮累积量之间的动态模型。

（3）分析不同 N 素水平下棉花群体冠层图像不同特征颜色参数与棉花农学参数之间的关系模型。

（4）综合考虑光、温等环境因子对棉花生长发育进程的影响，计算太阳辐射与热量之积辐热积 TEP，分析棉花长势的时空异质性，建立 TEP 与地上部生物量累积 $AGBA$ 和叶面积指数 LAI 间关系模型。

（5）基于计算机视觉技术的棉花长势监测与诊断远程诊断系统结构设计，功能模块建立，服务体系的搭建。

3 不同施氮肥处理棉花冠层颜色特征参数分析

随着数字图像分析技术的日趋成熟，许多学者已开始大量应用数字图像处理技术进行作物群体颜色特征分析。研究主要集中于基于颜色色彩模型对不同作物群体图像特征进行分析，究其原因是数码相机等数字图像传感器发展快速，性价比高，而且数码相机等这些光学工具能准确测量光反射强度[39,40,44]。

目前，运用数字图像处理技术对作物冠层图像进行分割[39,40,44,111,112]，提取其群体颜色特征参数值[39,40,44,111,112]，主要是基于 RGB 颜色模型的分析应用。前人通过对不同灌水处理棉花群体图像的 RGB 值进行分割研究发现[40]，部分颜色特征参数值与棉花水分含量间呈指数极显著相关[44]。通过提取不同密度棉花群体的颜色特征参数 R、G、B 值，研究结果发现其参数值间呈二次函数相关性[39]。然而基于 HIS 模型也可用于广泛地反映作物长势潜在指标，对于不同处理作物群体图像特征，其颜色分量色度 H 受太阳光照强度影响较小[113]。石媛媛博士通过运用数字图像分析法对水稻的氮磷钾营养进行诊断和建模研究发现，颜色空间变量饱和度值 S 受氮水平影响较小[113]。以上这些研究表明，应用数字图像分析技术可评价田间作物长势长相和营养状况，为基于数码相机等彩色图像处理技术的农作物生长监测与营养诊断应用奠定了理论基础。

本研究的主要目的是探讨 6 组颜色特征参数（R、G、B 和 H、S、I）在不同 N 素水平下棉花群体间的相关性。利用棉花群体特征数字图像识别系统 DIRS 分析处理已获取的棉花冠层图像，提取每一张数字图像的 R、G、B 值以及 H、S、I 值，研究不同 N 素水平下棉花群体各颜色特征值间的相关性，从而准确反映棉花全生育期内各颜色分量变化规律。

3.1　材料与方法

3.1.1　试验地基本概况

本部分研究以小区试验为主，选取的试验地和材料，同 2.2.1 试验 1。

试验地土壤属性等基本情况，同 2.2.3。

3.1.2　试验测试项目与方法

试验地棉花群体冠层图片获取，同 2.3.2.1。

冠层图像 RGB 与 HIS 参数值提取，同 2.3.2.2。

3.1.3　数据处理与分析

棉花图像颜色特征参数 R、G、B 和 H、S、I 数据处理分析方法，同 2.3.2.2。

3.2　结果与分析

3.2.1　基于 RGB 模型下不同 N 处理棉花群体数字图像特征

3.2.1.1　整个生育期内红色分量 R 值动态变化规律分析

在棉花整个生育期内，对于红色分量 R 值来说，其动态变化由图 3-1 可以看出，施 N 量显著影响棉花的生长发育和 R 值变化，2 个品种 XLZ 43 和 XLZ 48 的 R 值变化遵循一个普遍规律，5 个不同 N 素水平处理均随出苗后天数的增加，R 值也随之增加，各处理 R 值在出苗后 70d 左右呈现快速增加，以后呈缓慢增加状态。也就是说棉花从出苗期到蕾期均呈现快速增加，从开花期到结铃期、最后到吐絮期趋于缓慢增长趋势。运用 Origin8.5 软件对红色分量 R 值进行模拟，拟合结果发现，5 个氮素水平下棉花群体图像 R 值均表现开口右向下的曲线，且模拟曲线函数方程式为：$y = a - b \times \ln(x + c)$。

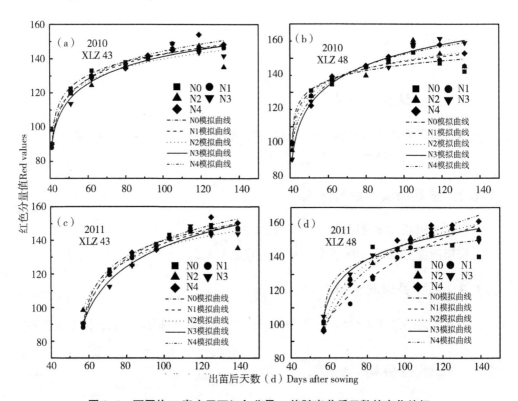

图 3-1 不同施 N 素水平下红色分量 R 值随出苗后天数的变化特征

Fig. 3-1 Variation of R value with days after sowing in different nitrogen rates

注：2010：表示 2010 年试验，Experiment in 2010；2011：表示 2011 年试验，Experiment in 2012；XLZ 43：表示供试品种新陆早 43，The cultivar of xin lu zao 43；XLZ 48：表示供试品种新陆早 48，The cultivar of xin lu zao 48；N0~N4：表示不同施氮水平，The different nitrogen rates；下同。The same as below

由表 3-1 R 值模拟曲线表明，R 分量值在棉花全生育期均呈现对数函数关系，且 5 个氮素水平模拟模型拟合度较高，均达到了极显著水平，其决定系数 $R^2 > 0.826\,00$，R^2 最大值达到 0.994 50。将各模拟方程相对应参数 a、b、c 值进行比较，研究结果表明，不同施 N 量间，参数 a、b 值随着施 N 量的增加，其值在减小；但参数 c 值随着施 N 量的增加其变化规律不明显。由此可见，不同施 N 量主要通过影响参数 a、b 值来改变颜色分量 R 值的变化。

表3-1　不同 N 素水平棉花冠层图像颜色分量 R 值动态变化参数

Table 3-1　Parameter of R value acquired from the canopy image of cotton in different nitrogen rates

年份 Years	品种 Varieties	各氮素处理 N Treatments	参数 Parameter			决定系数 R^2
			a	b	c	
2010	新陆早43 XLZ 43	N0	102.715 66	−8.211 22	−40.772 5	0.907 97**
		N1	96.508 95	−10.213 49	−40.482 52	0.917 45**
		N2	92.178 51	−11.378 69	−40.410 66	0.891 06**
		N3	73.655 7	−16.671 73	−39.084 74	0.977 40**
		N4	69.303 12	−17.941 88	−38.259 86	0.955 71**
	新陆早48 XLZ 48	N0	97.080 11	−11.208 5	−40.520 75	0.994 50**
		N1	88.212 12	−13.296 02	−40.007 03	0.981 28**
		N2	88.775 41	−12.418 91	−38.853 04	0.874 83**
		N3	83.105 44	−14.871 31	−39.061 95	0.949 48**
		N4	80.169 06	−14.936 67	−39.377 03	0.973 19**
2011	新陆早43 XLZ 43	N0	100.123 26	−9.145 13	−56.637 01	0.826 00**
		N1	91.325 27	−40.920 34	−32.526 76	0.929 83**
		N2	56.921 45	−20.958 83	−52.696 68	0.984 06**
		N3	78.180 6	−15.617 19	−54.131 09	0.931 04**
		N4	11.347 37	−31.833 4	−46.598 48	0.960 63**
	新陆早48 XLZ 48	N0	77.762 84	−16.311 72	−54.972 85	0.988 23**
		N1	68.615 38	−18.194 81	−54.086 52	0.984 02**
		N2	75.168 52	−15.841 97	−52.745 65	0.850 54**
		N3	46.115 19	−23.045 38	−50.289 68	0.942 41**
		N4	60.134 96	−20.806 48	−52.714 15	0.977 02**

注：表中 x 和 y 分别表示出苗后天数和红色分量值，x and y in the table represented days after sowing（d）and red value, respectively；** 表示 0.01 显著水平，** denotes significance at 0.05 probability level，* 表示 0.05 显著水平，* denotes significance at 0.05 probability level；下同。The same as below

3.2.1.2　整个生育期内绿色分量 G 值动态变化规律分析

由图 3-2 可以看出，在棉花整个生育期内，对于绿色分量 G 值来说，其动态变化类似于红色分量 R 值，受施 N 量不同影响显著，2 品种 XLZ 43 和 XLZ 48 的 G 值变化结果也遵循一个普遍规律，5 个不同 N 素水平的处理 G 值随着出苗后天数的增加前期快速增加，以后呈缓慢增加状态。即棉花从出苗期到蕾期均呈现快速增加，从花期、结铃期到吐絮期缓慢增长趋势。运用 Origin8.5 对绿色分量 G 值进行模拟与拟合，结果表明，5 个氮素水平处理棉花群体图像的 G 值均表现为开口右向下的对数函数曲线，其模拟曲线函数方程式为：$y = a - b \times \ln(x + c)$。

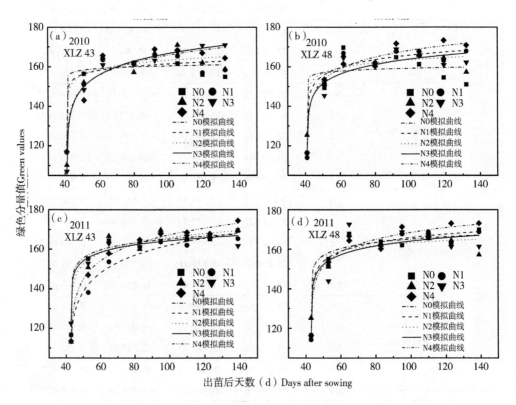

图 3-2　不同施 N 素水平下绿色分量 G 值随出苗后天数的变化特征

Fig. 3-2　Variation of *G* value with days after sowing in different nitrogen rates

注：2010：表示 2010 年试验，Experiment in 2010；2011：表示 2011 年试验，Experiment in 2012；XLZ 43：表示供试品种新陆早 43，The cultivar of xin lu zao 43；XLZ 48：表示供试品种新陆早 48，The cultivar of xin lu zao 48；N0~N4：表示不同施氮水平，The different nitrogen rates

由表3-2曲线模拟结果表明，绿色分量G在棉花全生育期均呈现对数函数变化趋势，且5个氮素水平的模拟模型拟合度较高，均达到了显著水平，决定系数$R^2 > 0.704\,79$，最大值达到0.988 23。结果还表明，N0处理，由于没有施氮肥，棉花整个生育期内供N量仅由试验地的当季土壤氮肥量提供，所以决定系数R^2相对来说偏低。将G值分量各模拟方程相对应参数a、b、c值进行比较，研究结果表明，不同施N量间，参数a、b值随着施N量的增加很有规律的在减小；但参数c值随着施N量的增加变化规律不明显。由此可见，各参数对G值变化规律的影响等同于R值，不同施N量主要影响参数a、b的值，进而影响颜色分量G值的变化。

表3-2 不同N素水平棉花冠层图像颜色分量G值动态变化参数

Table 3-2 Parameter of G value acquired from the canopy image of cotton in different nitrogen rates

年份 Years	品种 Varieties	各氮素处理 N Treatments	参数 Parameter			决定系数 R^2
			a	b	c	
2010	新陆早43 XLZ 43	N0	155.672 61	−1.184 45	−41.000 00	0.704 79 *
		N1	149.747 43	−2.890 72	−40.999 99	0.892 63 **
		N2	147.059 74	−3.984 61	−40.999 9	0.900 51 **
		N3	129.287 48	−8.985 48	−40.890 42	0.988 23 **
		N4	128.071 00	−9.490 02	−40.748 22	0.889 68 *
	新陆早48 XLZ 48	N0	154.386 88	−1.199 46	−41.266 10	0.750 74 *
		N1	148.772 87	−3.625 28	−40.995 06	0.943 87 **
		N2	143.370 69	−5.519 02	−40.998 38	0.836 69 *
		N3	136.735 57	−6.667 02	−40.955 89	0.880 09 *
		N4	134.878 69	−8.193 63	−40.894 21	0.962 82 **

（续表）

年份 Years	品种 Varieties	各氮素处理 N Treatments	参数 Parameter			决定系数 R^2
			a	b	c	
2011	新陆早 43 XLZ 43	N0	146.370 88	-4.674 49	-42.998 26	0.783 36 *
		N1	112.429 34	-12.208 21	-41.624 41	0.964 80 **
		N2	139.476 39	-6.565 28	-42.981 89	0.943 47 **
		N3	144.387 36	-4.940 36	-42.988 36	0.941 13 **
		N4	122.026 56	-11.194 71	-42.530 61	0.989 33 **
	新陆早 48 XLZ 48	N0	149.255 58	-3.923 94	-42.999 77	0.849 41 *
		N1	142.622 53	-5.747 03	-42.992 84	0.946 82 **
		N2	149.886 66	-3.307 04	-42.999 43	0.820 90 *
		N3	141.224 35	-5.650 03	-42.988 97	0.775 09 *
		N4	135.544 58	-8.140 98	-42.905 26	0.960 00 **

注：表中 x 和 y 分别表示出苗后天数和绿色分量值，x and y in the table represented days after sowing (d) and green value, respectively；** 表示 0.01 显著水平，** denotes significance at 0.05 probability level，* 表示 0.05 显著水平，* denotes significance at 0.05 probability level

3.2.1.3　整个生育期内蓝色分量 B 值动态变化规律分析

在棉花全生育期内，对于蓝色分量 B 值来说，由图 3-3 动态变化可以看出，其动态变化规律不同于红色分量 R 值和绿色分量 G 值，其变化规律不同于 G 值和 R 值的变化规律，且变化规律不明显，但是在棉花的整个生长发育进程中受到 N 素水平影响显著。在棉花生育期内，随着出苗后天数的增加，各处理 B 值变化规律呈先增加后减小。应用 Origin8.5 模拟分析软件对 B 值进行拟合，模拟结果表明，5 个氮素水平处理棉花群体图像的 B 值均表现为开口向下的二次函数曲线变化趋势，且模拟曲线的函数方程式为：$y = a + bx + cx^2$。

由表 3-3 蓝色分量 B 值二次函数曲线模拟结果表明，在棉花整个生育期内，5 个氮素水平拟合度相对较高，达到了显著水平或极显著水平，决定系数 $R^2 >$ 0.726 56，最大值达到 0.970 98。但将 B 值分量各模拟方程相对应的参数 a、b、c 值进行分析比较发现，不同施 N 量间，参数 a、b、c 值随着施 N 量的增加没有明显的变化规律，这说明不同 N 素水平棉花冠层颜色分量 B 所呈现出的二次函

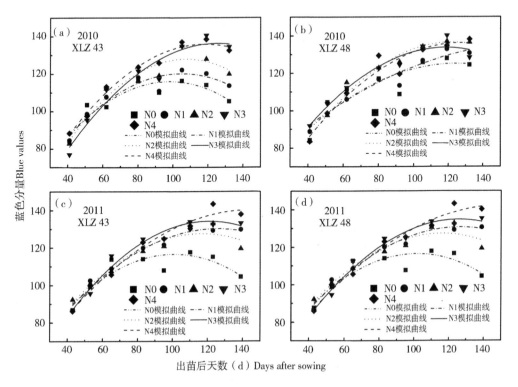

图 3-3 不同施 N 素水平下蓝色分量 B 值随出苗后天数的变化特征

Fig. 3-3 Variation of Blue value with days after sowing in different nitrogen rates

注：2010：表示 2010 年试验，Experiment in 2010；2011：表示 2011 年试验，Experiment in 2012；XLZ 43：表示供试品种新陆早 43，The cultivar of xin lu zao 43；XLZ 48：表示供试品种新陆早 48，The cultivar of xin lu zao 48；N0~N4：表示不同施氮水平，The different nitrogen rates

数曲线不能准确反映其动态变化规律，这样的拟合曲线失去统计学意义，主要原因可能是由于棉花叶片反射的蓝色值极少，蓝色光由土壤地表提供，从而导致蓝色分量值 B 变化规律不明显。这充分说明应用 RGB 模型进行棉花长势监测时，施 N 量对蓝色分量 B 值影响很小，因此，B 值不能作为评判棉花群体颜色特征参数指标变量，不能进行棉花长势监测与 N 素评价。

表 3-3 不同 N 素水平棉花冠层图像颜色分量 *B* 值动态变化参数

Table 3-3　Parameter of *B* value acquired from the canopy image of cotton in different nitrogen rates

年份 Years	品种 Varieties	各氮素处理 N Treatments	参数 Parameter			决定系数 R^2
			a	*b*	*c*	
2010	新陆早 43 XLZ 43	N0	33. 187 49	1. 689 18	−0. 008 62	0. 806 90 *
		N1	30. 738 81	1. 709 45	−0. 008 17	0. 880 12 **
		N2	14. 728 76	2. 108 69	−0. 009 82	0. 896 45 **
		N3	14. 391 91	1. 942 47	−0. 007 74	0. 915 03 **
		N4	23. 002 41	1. 910 04	−0. 008 08	0. 970 98 **
	新陆早 48 XLZ 48	N0	48. 530 54	1. 236 06	−0. 004 98	0. 753 52 *
		N1	59. 779 58	0. 910 40	−0. 002 73	0. 904 06 **
		N2	21. 769 16	1. 891 54	−0. 007 79	0. 969 20 **
		N3	36. 705 86	1. 643 22	−0. 006 96	0. 936 01 **
		N4	27. 235 55	1. 722 32	−0. 006 81	0. 918 63 **
2011	新陆早 43 XLZ 43	N0	36. 368 66	1. 590 63	−0. 007 89	0. 726 56 *
		N1	35. 668 05	1. 507 18	−0. 006 01	0. 970 21 **
		N2	35. 243 30	1. 586 93	−0. 006 82	0. 910 87 **
		N3	20. 589 28	1. 880 60	−0. 007 78	0. 958 36 **
		N4	32. 577 32	1. 490 92	−0. 005 16	0. 966 67 **
	新陆早 48 XLZ 48	N0	37. 733 17	1. 551 29	−0. 007 64	0. 735 54 *
		N1	36. 252 26	1. 491 70	−0. 005 89	0. 967 57 **
		N2	35. 632 31	1. 583 05	−0. 006 84	0. 914 02 **
		N3	23. 136 59	1. 776 29	−0. 007 07	0. 970 19 **
		N4	35. 118 75	1. 416 19	−0. 004 67	0. 973 01 **

注：表中 *x* 和 *y* 分别表示出苗后天数和蓝色分量值，*x* and *y* in the table represented days after sowing (d) and blue value, respectively；** 表示 0.01 显著水平，** denotes significance at 0.05 probability level，* 表示 0.05 显著水平，* denotes significance at 0.05 probability level

3.2.2　基于 HIS 模型下不同 N 处理棉花群体数字图像特征

3.2.2.1　整个生育期内色度值 H 动态变化规律分析

由图 3-4 可以看出，在棉花整个生育期内，不同 N 素水平显著影响棉花色度色调 H 值的变化，2 个棉花品种冠层颜色分量 H 值变化规律一致，随出苗后天

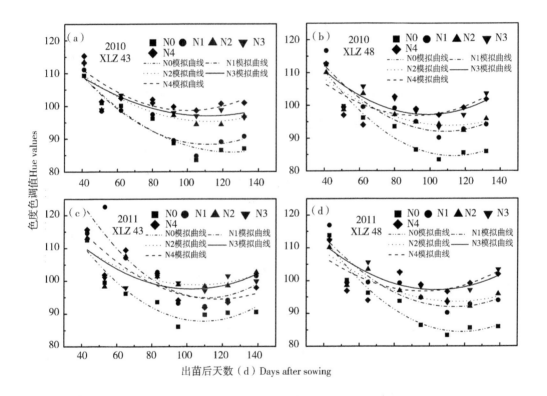

图 3-4　不同施 N 素水平下色度色调 H 值随出苗后天数的变化特征

Fig. 3-4　Variation of Hue value with days after sowing in different nitrogen rates

注：2010：表示 2010 年试验，Experiment in 2010；2011：表示 2011 年试验，Experiment in 2012；XLZ 43：表示供试品种新陆早 43，The cultivar of xin lu zao 43；XLZ 48：表示供试品种新陆早 48，The cultivar of xin lu zao 48；N0~N4：表示不同施氮水平，The different nitrogen rates

数不断增加 H 值呈现出先缓慢减少然后缓慢增加的趋势。即棉花从出苗期到蕾期，再到开花结铃时，H 均呈现缓慢减少，从盛铃后期到吐絮期又趋于缓慢增长趋势。运用 Origin8.5 软件对 H 值进行模拟，模拟结果表明，5 个氮素处理棉花群体图像 H 值均为开口向上二次函数曲线，且模拟曲线函数方程式为：$y = a + bx + cx^2$。

由表 3-4 可以看出，不同氮素水平的色度色调 H 值，在棉花生长全生育期内均满足二次函数关系，且 5 个氮素水平相关性和拟合度相对较高，达到了显著水平或极显著水平，其决定系数 $R^2 > 0.503\ 66$。将各函数对应的参数 a、b 和 c 值进行比较，结果表明，不同施 N 量间，随着施 N 量的增加，参数 a 值在减小，因为参数 a 值的变化反映了二次曲线的开口方向，即反映了 H 值的变化趋势；但参数 b 和 c 值随着施 N 量的增加，变化幅度不明显。由此可见，不同施 N 量主要通过改变参数 a 值来改变 H 值的变化。

表 3-4　不同 N 素水平棉花冠层图像颜色分量色调值（H）动态变化参数

Table 3-4　Parameter of H value acquired from the canopy image of cotton in different nitrogen rates

年份 Years	品种 Varieties	各氮素处理 N Treatments	参数 Parameter			决定系数 R^2
			a	b	c	
2010	新陆早 43 XLZ 43	N0	136.622 14	−0.812 37	0.003 25	0.905 80 **
		N1	139.293 59	−0.913 50	0.004 09	0.796 04 **
		N2	130.354 08	−0.625 15	0.002 79	0.608 61 *
		N3	126.087 91	−0.520 65	0.002 33	0.511 39 *
		N4	133.617 98	−0.696 53	0.003 47	0.564 60 *
	新陆早 48 XLZ 48	N0	146.575 14	−1.091 84	0.004 81	0.922 10 **
		N1	142.819 70	−0.938 62	0.004 33	0.714 53 **
		N2	128.678 44	−0.626 64	0.002 81	0.721 52 **
		N3	135.139 24	−0.770 47	0.003 90	0.525 54 *
		N4	127.894 61	−0.674 32	0.003 66	0.539 18 *

（续表）

年份 Years	品种 Varieties	各氮素处理 N Treatments	参数 Parameter			决定系数 R^2
			a	b	c	
2011	新陆早 43 XLZ 43	N0	146. 277 38	−1. 071 40	0. 004 90	0. 861 22 **
		N1	165. 050 52	−1. 255 96	0. 005 62	0. 740 95 *
		N2	129. 493 67	−0. 582 71	0. 002 76	0. 516 86 *
		N3	133. 538 74	−0. 701 41	0. 003 41	0. 503 66 *
		N4	142. 975 91	−0. 830 11	0. 003 55	0. 671 82 **
	新陆早 48 XLZ 48	N0	149. 471 84	−1. 100 76	0. 004 65	0. 915 62 *
		N1	142. 923 12	−0. 896 16	0. 003 94	0. 709 76 *
		N2	129. 451 99	−0. 621 14	0. 002 69	0. 719 65 *
		N3	133. 640 57	−0. 702 14	0. 003 38	0. 507 52 *
		N4	127. 127 45	−0. 629 58	0. 003 27	0. 519 05 *

注：表中 x 和 y 分别表示出苗后天数和色调色度值，x and y in the table represented days after sowing（d）and hue value, respectively；** 表示 0.01 显著水平，** denotes significance at 0.05 probability level，* 表示 0.05 显著水平，* denotes significance at 0.05 probability level

3.2.2.2　整个生育期内饱和度 S 动态变化规律分析

由图 3-5 可以看出，在棉花整个生育期内，不同 N 素水平对棉花冠层图像饱和度 S 值影响规律不明显，波动性大，无规律可循，且各施 N 处理间差异不显著。

由表 3-5 可以看出，运用二次函数模拟，其结果表明，在棉花整个生育期内，5 个氮素水平 S 值各参数拟合度偏低，决定系数 R^2 的最大值为 0.291 82，且统计结果均未达到显著水平。同时，对模拟的参数值进行分析发现，参数值 a、b 和 c 值无任何规律，失去统计学意义。因此不同 N 处理棉花群体图像 S 值无法准确反映其生物学意义。主要原因是饱和度 S 值反映的是彩色浓淡，受环境因素影响非常大，在拍摄过程中受到光照、天气等多种因素的干扰，其变化幅度较大，在一般的自然条件下进行拍摄获取棉花群体数字图像，无法从数字图像中提取比较精确的颜色饱和度 S 值。

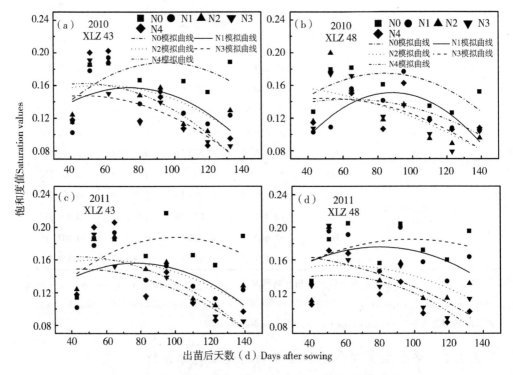

图 3-5　不同施 N 素水平下饱和度 *S* 值随出苗后天数的变化特征

Fig. 3-5　Variation of Saturation value with days after sowing in different nitrogen rates

表 3-5　不同 N 素水平棉花冠层图像颜色分量饱和度值（*S*）动态变化参数

Table 3-5　Parameter of *S* value acquired from the canopy image of cotton

in different nitrogen rates

年份 Years	品种 Varieties	各氮素处理 N Treatments	参数 Parameter			决定系数 R^2
			a	*b*	*c*	
2010	新陆早 43 XLZ 43	N0	0.109 60	0.001 54	−7.837 3E−6	0.221 74
		N1	0.103 30	0.001 82	−1.140 43E−5	0.198 72
		N2	0.128 82	8.605 34E−4	−7.461 64E−6	0.091 87
		N3	0.169 45	3.874 15E−5	−4.692 97E−6	0.276 37
		N4	0.113 48	0.001 06	−1.003 45E−5	0.273 90

（续表）

年份 Years	品种 Varieties	各氮素处理 N Treatments	参数 Parameter			决定系数 R^2
			a	b	c	
2010	新陆早48 XLZ 48	N0	0.047 01	0.002 99	−1.588 15E−5	0.009 19
		N1	0.071 28	0.002 33	−1.572 11E−5	0.030 98
		N2	0.126 55	0.001 17	−1.007 62E−5	0.150 75
		N3	0.126 94	8.917 33E−4	−9.593 76E−6	0.281 39
		N4	0.135 35	0.001 15	−1.210 68E−5	0.291 82
2011	新陆早43 XLZ 43	N0	0.070 12	0.002 5	−1.489 46E−5	0.039 68
		N1	0.030 06	0.004 1	−2.324 18E−5	0.249 13
		N2	0.163 82	−1.265 66E−5	−4.154 65E−6	0.290 6
		N3	0.125 12	7.679 82E−4	−7.752 45E−6	0.212 69
		N4	0.113 77	9.333 72E−4	−7.441 44E−6	0.013 77
	新陆早48 XLZ 48	N0	0.051 01	0.002 73	−1.365 53E−5	0.030 95
		N1	0.076 84	0.002 06	−1.332 1E−5	0.004 13
		N2	0.133 07	9.488 74E−4	−8.260 51E−6	0.144 43
		N3	0.133 66	7.043 05E−4	−8.032 86E−6	0.190 21
		N4	0.146 54	8.131 77E−4	−9.455 97E−6	0.264 84

注：表中 x 和 y 分别表示出苗后天数和饱和度值，x and y in the table represented days after sowing（d）and Saturation value，respectively

3.2.2.3 整个生育期内亮度 I 动态变化规律分析

由图3-6动态变化趋势可以看出，在棉花整个生育期内，对于2品种 XLZ 43 和 XLZ 48 的亮度分量 I 值变化规律类似于 RGB 模型中红色分量值 R 和绿色分量值 G。5 个不同 N 素水平的处理间，随着棉花出苗后生长天数不断增加，I 值前期快速增加，以后呈缓慢增加状态；也就是说，在棉花从出苗期到蕾期，亮度 I 值均呈现快速增加，从花期、结铃期到吐絮期 I 值又趋于缓慢增长趋势。且从图像的增长趋势可以看出，各 N 素水平显著影响棉花群体冠层颜色参数 G 值变化，运用 Origin8.5 软件对各处理亮度值 I 进行模拟，模拟结果表明，5 个氮素水平处理棉花群体图像 R 值均表现为开口右向下的对数函数曲线，且模拟曲线函数方程式为：$y = a - b \times \ln(x + c)$。

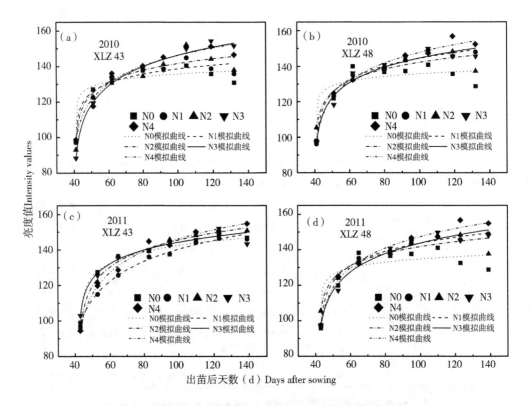

图 3-6　不同施 N 素水平下亮度 I 值随出苗后天数的变化特征

Fig. 3-6　Variation of I value with days after sowing in different nitrogen rates

注：2010：表示 2010 年试验，Experiment in 2010；2011：表示 2011 年试验，Experiment in 2012；XLZ 43：表示供试品种新陆早 43，The cultivar of xin lu zao 43；XLZ 48：表示供试品种新陆早 48，The cultivar of xin lu zao 48；N0~N4：表示不同施氮水平，The different nitrogen rates

由表 3-6 各 N 处理亮度 I 值函数结果表明，5 个氮素水平模拟模型拟合度较高，决定系数 $R^2 > 0.777\,79$，且最大值达到 0.991 48。将其动态变化函数中的各参数分别进行显著性检验（表 3-6），所得 t 值均大于 $t_{0.05}$，均达到了显著水平或极显著水平，这说明不同氮素处理间 I 值变化差异显著。将分量 I 值模拟方程相对应参数 a、b、c 值进行比较，研究结果表明，施 N 量的增加，参数 a、b 值呈规律性减小；而参数 c 值随着施 N 量的增加变化幅度不明显。由此可见，I 值变化规律受到参数的影响等同于 *RGB* 模型中 *R* 值和 *G* 值，在不同施 N 量下通过改变参数 *a*、*b* 的值来改变 *I* 值的变化。

表 3-6 不同 N 素水平棉花冠层图像颜色分量亮度值（*I*）动态变化参数

Table 3-6 Parameter of *I* value acquired from the canopy image of cotton
in different nitrogen rates

年份 Years	品种 Varieties	各氮素处理 N Treatments	参数 Parameter			决定系数 R^2
			a	*b*	*c*	
2010	新陆早 43 XLZ 43	N0	120. 260 61	−3. 816 09	−40. 997 63	0. 907 57 **
		N1	109. 227 98	−7. 212 11	−40. 814 46	0. 917 98 **
		N2	103. 408 03	−9. 373 37	−40. 668 51	0. 888 18 **
		N3	84. 442 47	−14. 999 92	−39. 398 13	0. 974 98 **
		N4	80. 784 14	−15. 965 88	−38. 485 82	0. 946 01 **
	新陆早 48 XLZ 48	N0	120. 847 29	−3. 670 97	−40. 997 99	0. 777 79 **
		N1	100. 057 83	−10. 888 62	−40. 302 00	0. 985 55 **
		N2	102. 517 89	−9. 694 71	−39. 674 34	0. 876 36 **
		N3	91. 700 91	−12. 913 71	−39. 472 57	0. 942 45 **
		N4	84. 822 04	−15. 319 67	−38. 677 75	0. 978 07 **
2011	新陆早 43 XLZ-43	N0	108. 176 85	−8. 476 80	−42. 744 93	0. 981 80 **
		N1	64. 672 58	−18. 243 20	−36. 506 35	0. 984 66 **
		N2	91. 512 16	−13. 315 88	−41. 721 34	0. 989 72 **
		N3	101. 410 53	−10. 581 33	−41. 840 56	0. 941 21 **
		N4	74. 744 20	−17. 468 33	−39. 918 23	0. 984 57 **
	新陆早 48 XLZ-48	N0	117. 710 08	−4. 223 68	−42. 994 46	0. 778 59 *
		N1	99. 351 70	−10. 936 24	−42. 247 77	0. 991 48 **
		N2	103. 682 93	−9. 373 64	−41. 810 09	0. 876 23 **
		N3	83. 807 38	−14. 669 88	−40. 498 37	0. 962 24 **
		N4	82. 753 57	−15. 800 43	−40. 433 52	0. 978 67 **

注：表中 *x* 和 *y* 分别表示出苗后天数和亮度值，*x* and *y* in the table represented days after sowing（d）and Intensity value，respectively；** 表示 0.01 显著水平，** denotes significance at 0.01 probability level，* 表示 0.05 显著水平，* denotes significance at 0.05 probability level

3.3　讨论

在棉花生长发育阶段中，不同生育时期植株表现出不同的颜色特征。棉花生长的环境条件不同，施 N 肥量不同，营养状况就不同，其生长发育过程中群体结构就不同，从而棉株不同部位就表现出的颜色特征不同。基于 RGB 模型的分析研究过程中，应用数字图像识别系统简洁快速的提取了不同施 N 量下棉花群体冠层图像相关颜色分量 R 值、G 值和 B 值。分析了 R、G、B 值相对于棉花出苗后随时间变化的动态变化规律，模拟了动态变化规律函数。结果表明不同 N 素处理棉花群体冠层图像中颜色分量 R 值和 G 值随时间变化的函数方程通式为 $y = a - b \times \ln(x + c)$，且相关性高，差异显著，但 B 值变化规律不明显。这充分说明基于 RGB 模型的颜色参数值对棉花群体能进行长势监测，因此，需要我们更深层次地挖掘 RGB 三基色颜色模型对棉花等农作物长势分析的内在问题，为棉花优质高产提供理论依据。

基于 RGB 模型研究结果还表明，R 分量和 G 分量变化趋势平稳，B 值变化波动大[25,39,111]，这个研究结果同孙恩红等研究成果类似[25,39,111]。说明在棉花生长发育过程中，R、G 值有明显的规律性变化，与数字图像中图层密切相关，因为通过数字图像获取棉花冠层图像颜色主要受 2 个方面反射光决定。其一受叶片数、叶片大小、棉株高度以及棉铃数等多个绿色体反射光决定；其二受土壤背景颜色条件限制或制约，从而影响各分量值的变化。因此，棉花冠层各颜色分量值的变化与土壤背景也有着密切的关系。图 3-1~图 3-3 充分地表明了在棉花整个生长发育时期冠层绿色体和土壤的反射和吸收水平，从棉花出苗后到现蕾、开花结铃阶段，绿色分量 G 值的反射水平最高，吸收较少；红色光的反射次之，所以 R 值也在不断增大，但 R 值的吸收相对来说比较多，从而反射水平低于 G 值，这说明绿色植被在绿光区的反射率显著高于红光区的反射率[36,37,39,45,47,111]；蓝色分量 B 值最低，由于棉花叶片反射的蓝色光非常少，在棉花整个生长发育过程中，蓝色分量值 B 主要受土壤背景面积大小决定的，随着棉株的增长，裸露在外的土壤面积不但减小，当最后棉花生长达到郁闭封垄时，基本上蓝色分量反射极少，其吸收量达到最大，封垄后到棉花吐絮这个阶段，蓝色分量 B 值主要是由健康棉株叶片决定，如棉花叶片开始变褐发红，B 值会增加，到棉花收获阶段，由于棉花叶片脱落，土壤背景开始裸露，B 值会增加，所以蓝色分量 B 值受到阴影影响非常严重，从而不能准确地进行棉花生长发育的监测与分析评估（图 3-3）。

基于 HIS 模型的分析研究过程中，应用数字图像识别系统提取了不同施 N 量下棉花群体冠层图像相关颜色分量 H 值、S 值和 I 值，并分析了其随时间的动态变化。由图 3-4～图 3-6 研究结果表明，不同施 N 水平下棉花群体冠层图像中亮度 I 值随时间变化的函数方程通式为：$y = a - b \times \ln(x + c)$；色度 H 值，随不同施 N 量的增加，拟合参数呈现规律性变化，且相关性显著，其动态曲线满足通式：$y = a + bx + cx^2$；而饱和度值 S 变化没有规律可循，这一研究结果同石媛媛博士在水稻冠层图像应用研究结果相似[113]。这些研究结果可以充分说明 HIS 模型中亮度值 I 反映的是颜色分量各波长的总能量，主要受拍摄过程中环境因素、光源太阳光的强弱等因子的影响，进一步证实在试验拍摄过程获取田间冠层图片，所选择晴天正午时分的环境条件比较类似，从而减少了图片获取误差；由 I 值变化规律发现，棉田荫蔽状况是决定 I 值关键因素，所以 I 值能充分反应棉花群体特征变化；H 分量值也具有一定规律性，受光照、环境条件和天气变化等干扰因素影响比较小；S 分量值反映彩色的浓淡饱和度受外界环境因素影响程度最大，因而失去其统计学与生物学意义。综上所述，这些参数的提取与分析为应用数字图像分析棉花生长特征和监测棉花长势状况提供重要的参考价值。

3.4 小结

本研究对于棉花群体冠层数字图片拍摄时条件统一化，数字图片分析方法程序化、棉花整个生育期色彩参数选择合理化、动态关系变化规范化。探讨棉花群体冠层图像的 R、G、B 值和 H、I、S 值的动态变化规律，以棉花生长发育时间为自变量，利用动态模拟分析的方法，分析研究不同施 N 量棉花群体冠层数字图像颜色分量值的动态变化特征与关系。通过动态分析的结果发现，基于 RGB 模型的红色分量 R 值和绿色分量 G 值能充分反映棉花群体的实体信息，且相关性好，精度高。同样的道理，基于 HIS 模型的亮度 I 值能作为棉花群体监测变量的一个量化指标。然而 2 个模型中的蓝色分量 B 值和饱和度 S 值波动性大，规律性不强，无统计意义。

4 基于覆盖度的棉花长势监测氮素营养诊断模型

近地面遥感监测技术是建立在计算机视觉技术之上的作物长势监测技术与方法，在现代农业和精准农业中扮演着重要的角色[115]。利用近地面遥感技术可进行实时、快速、自动、非破坏性的作物长势监测与诊断，还可以帮助农民或种植户适时采取农艺措施（施肥、灌水、耕作、收割以及病虫害防治等），从而提高作物产量与品质[116-118]。利用近地面遥感技术获取优质清晰的数字图像，可对作物生长发育的季节性变化进行评估[116,119]，其硬件设备相对便宜实用，能提供相对准确的作物长势信息[116]。目前，用于近地面遥感技术监测作物长势信息与 N 素营养状态诊断的仪器很多，主要包括手持冠层光谱仪（Greenseeker reflectance meters）、冠层高光谱反射仪（Hyper spectral reflectance meters）、Yara N 传感器（Yara N sensors）、作物冠层分析仪（LAI－2000、LAI－3000、LAI－3000 C）等[120-122]。这些设备主要通过反射或者吸收红光和红外光来监测作物生长发育过程中叶片大小和植株冠层动态变化。

数码相机是目前广泛应用于近地面遥感监测的设备，应用数码相机进行作物长势监测的原理主要是通过测量作物红光与绿光反射比，而不是红光与红外光反射比[123]。此外，应用数码相机可实时、自动、规范且无偏差的获取作物冠层图像[124,125]，其监测误差小，准确率高。近年来，国内外学者已大量运用数码照相法进行作物长势监测和 N 素营养状态诊断[118,126-128]等。通过数码照相法获取作物冠层图像参数和冠层覆盖度（CC）等[118,129-132]，研究的作物主要包括油菜[133]、小麦[117,1120,122,131,134,135]、玉米[120,1124,125,132,136]和水稻[127,128]等。并建立冠层覆盖度

（CC）等图像参数与作物地上部生物量累积（Aboveground biomass accumulation，$AGBA$）、叶面积指数 LAI 和作物地上部氮累积量（*Aboveground plant total N uptake*）间的关系模型[118,119,127-133]。然而，利用数码照相法和数字图像分割技术所建立的作物生长模型中，应用图像特征参数对棉花进行长势监测和 N 素营养状况评价的研究相对极少。

棉花生长发育进程和产量形成受肥料影响很大，尤其是 N 肥的影响。若利用数码相机等近地面遥感监测设备对棉花进行长势监测和 N 素营养状况评价，可提高棉花 N 肥利用率，从而增加棉花产量和提高棉花质量。应用数码相机获取棉花群体冠层图像，并进行实时准确的背景分割，获取其冠层覆盖度 CC，是建立在基于计算机视觉系统和数字图像处理技术之上的重要技术环节[25,34,39,42]。由于棉花种植模式的特殊性，有宽窄行之分，应用传统目测法或测量法计算其冠层覆盖度主要是依赖于手工测量棉株伸展的宽度，这种方法获取棉田覆盖度一般分为两部分，一部分为宽行覆盖度，另一部分为窄行覆盖度[39]，然后将这两部分覆盖度求和即得当前目标棉田群体覆盖度。这种方法得到的 CC 值误差大，且不能准确反映棉田冠层叶片疏密情况。

棉花冠层图像背景分割是将图像中棉花冠层与土壤背景层等进行分离，即将土壤、基质等背景部分（土壤区域）与棉花、其他杂草等绿色植被区域分离。由于棉花冠层图像颜色与土壤背景颜色差异相当大，所以对棉花冠层图像分割的过程中，其分割质量的好坏主要取决于在棉花群体目标体模式识别中能否将棉花与其他杂草等信息加以区别。在自然条件下，影响棉花冠层图像分割质量的因素也很多，其中太阳光照的强弱是影响棉花群体冠层颜色特征识别和杂草颜色识别的主要因素。

本研究使用 1 220 万像素的佳能数码照相机（Canon EOS-450D）获得棉花冠层垂直投影图像，利用 VC++ 语言和 MATLAB7.1 数字图像处理软件对获取的棉花冠层图像进行处理，计算出棉花群体冠层投影面积在整个照片中所占面积的比重。采用图片中棉花绿色叶片部分所占的 RGB 值像素数除以整幅图片 RGB 值的总像素数，即可得出棉花群体冠层图像的覆盖度 CC。由此可见，棉花群体冠层覆盖度 CC 是基于计算机视觉技术与数字图像处理技术相对比较容易获取的一个参变量，也是一种行之有效的研究方法，具有一定的应用价值和挑战性。

　　本研究的主要目的是应用数码相机获取棉花冠层图像，然后应用图像处理技术提取棉花冠层覆盖度 CC；建立 CC 与棉花 3 个农学参数（AGBA、LAI、Total N content）之间的关系模型；应用北疆 3 个不同生态点的高产棉田数据对模型进行检验。

4.1　材料与方法

4.1.1　试验材料

　　小区试验地与材料部分，同 2.2.1 试验 1。
　　高产田试验地与材料部分，同 2.2.2 试验 2。
　　小区试验地土壤属性，同 2.2.3。

4.1.2　棉田冠层覆盖度 CC 获取

　　试验地棉花群体冠层数字图片获取，同 2.3.2.1。
　　试验地棉花群体冠层覆盖度 CC 提取，同 2.3.3~2.3.5。

4.1.3　相关农学参数的测量

　　棉花农学参数地上部生物量、LAI、植株含氮量以及冠层归一化植被指数 NDVI 值的测量，同 2.3.1。

4.1.4　数据分析处理与作图

　　对棉田获取的数字图像进行数据处理，同 2.4.1。
　　对提取的冠层覆盖度 CC 数据分析与作图，同 2.4.1。

4.1.5　模型建立与检验

　　建立 CC 与棉花 3 个农学参数的模型和模型检验方法，同 2.4.2。

4.2 结果与分析

4.2.1 棉花冠层覆盖度 *CC* 与 *NDVI* 和 *RVI* 间的关系分析

运用手持式作物冠层测量仪获取各 N 素处理棉花冠层归一化植被指数（*NDVI*）和比值植被指数（*RVI*）。将 *NDVI* 和 *RVI* 值与其相对应的覆盖度值 *CC* 进行比较。

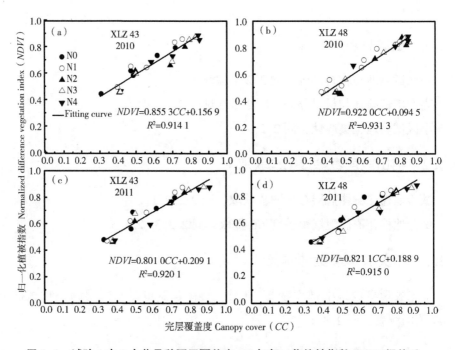

图4-1 试验1中2个花品种冠层覆盖度 *CC* 与归一化植被指数 *NDVI* 间关系

Fig. 4-1 The relationship between canopy cover and normalized difference vegetation index（*NDVI*）of two cotton cultivars in experinentl.

注：（a）2010 年种植的棉衣品种新陆早 43；（b）2010 年种植的棉衣品种 '新陆早 48'；（c）2011 年种植的 '新陆早 43'；（d）2011 年种植的 '新陆早 48'

Note：（a）Cotton cultivar 'XLZ 43' in 2010；（b）Cotton cultivar 'XLZ 48' in 2010；（c）Cotton cultivar 'XLZ 43' in 2011；（d）Cotton cultivar 'XLZ 48' in 2011

由图 4-1 可以看出，在 2010—2011 年间，2 个花品种各 N 素处理间 CC 值与 NDVI 值变化动态相似；即在苗期，棉株嫩小，棉苗不健壮，棉花叶片相对较小，因此，LAI 值也较小，与之相对应的 NDVI 和 CC 值也较小；随着棉花生育进程的不断推进，NDVI 和 CC 的值也在不断地增大；当棉花生长达到盛花期前后，此时棉花生长最旺盛时期，其 LAI 也达到最大值，与之相对应的 NDVI 和 CC 的值也达到峰值或极大值 1。与之相反，由图 4-2 可知，2 个花品种各 N 素处理间 RVI 值在棉花苗期最大，随着棉花现蕾、开花，最后到达盛花期前后，RVI 值随冠层覆盖度 CC 值的增加而减小。

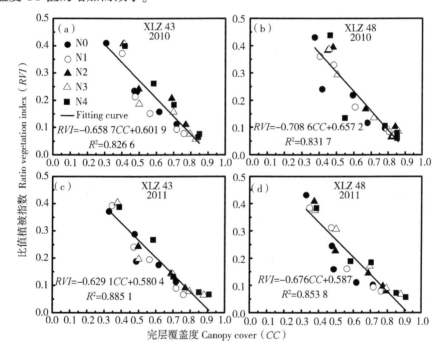

图 4-2　试验 1 中 2 个花品种冠层覆盖度 CC 与比值植被指数 RVI 间关系

Fig. 4-2　The relationship between canopy cover and ratio vegetation index（RVI）of two cotton cultivars in experiment 1.

注：'XLZ43' 和 'XLZ48' 为 2010 年与 2011 年种植的品种 '新陆早 43' 和 '新陆早 48'

Note：（a）Cotton cultivar 'XLZ 43' in 2010；（b）Cotton cultivar 'XLZ 48' in 2010；（c）Cotton cultivar 'XLZ 43' in 2011；（d）Cotton cultivar 'XLZ 48' in 2011

图 4-1 和图 4-2 表明，CC 与 NDVI 和 RVI 值间呈显著线性关系，且均有较好的相关性。通过相关性分析表明，棉花冠层覆盖度 CC 与 NDVI 呈显著线性正相关，各 N 素处理决定系数 R^2>0.914；与 RVI 间呈显著线性负相关，各 N 素处理决定系数 R^2>0.826。由此可见，棉花冠层覆盖度 CC 同归一化植被指数 NDVI 相类似，能较好地诊断与评估棉花 N 素营养状况。

4.2.2　棉花冠层覆盖度 CC 与 3 个农学参数间的关系分析

在试验 1 中，运用 Origin-Pro 8.5 软件将 2010 年和 2011 年 2 个花品种群体冠层覆盖度 CC 与棉花 3 个农学参数（植株地上部总含 N 量、LAI 和地上部生物量累积量）进行拟合，得到最能准确表述 CC 值与棉花 3 个农学参数间的指数函数表达式，如下式所示：

$$y = ke^{b \times CC} \tag{4-1}$$

其中表达式（4-1）中：y 代表因变量，分别表示为棉株地上部总 N 含量、叶面积指数 LAI 和地上部生物量累积量 AGBA；参数 k 代表曲线函数式的初始值，b 代表曲线函数式的形状参数。

图 4-3（a，c，e）描述了 2 个花品种在盛花期之前，即出苗后 90d 左右，冠层覆盖度 CC 到达最大值或封垄之前，CC 值与 3 个农学参数间的动态分布；图 4-3（b，d，f）描述了 5 个不同 N 素水平下在盛花期之前，即出苗后 90d 左右，CC 值与 3 个农学参数间的动态分布。

由表 4-1 各参数值比较发现，2 个品种 XLZ 43 和 XLZ 48 间的 k 值和 b 值变化范围小，规律不明显。且图 4-3（a，c，e）也直观地描述了冠层覆盖度 CC 与 2 个品种间 3 个农学参数的关系，模拟结果表明，2 个品种间拟合曲线的形状差别不明显。由于本研究选用的棉花品种，是北疆主栽品种，均属于早熟型陆地棉，且 2 个品种属于同一品系遗传性状，其生长习性和株型整齐度比较相似，且植株叶片大小、叶形、叶倾角、叶片颜色以及株高等都具有一定的相似性。更关键的是 2 个花品种其生长发育规律和对温光的敏感度都具有一定的相似性。

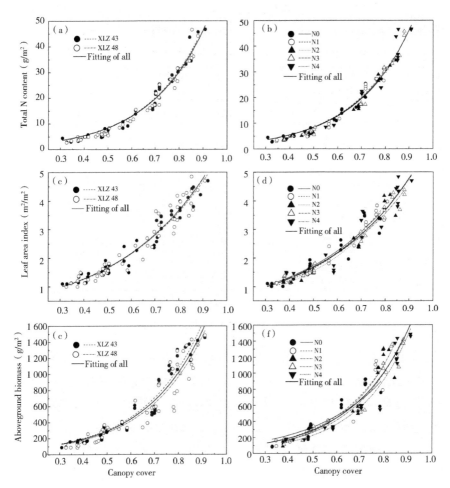

图 4-3　试验 1 中 2 个花品种冠层覆盖度 *CC* 与植株氮累积量、LAI、地上部生物量间关系

Fig. 4-3　Calibration models describing the relationship between canopy cover and aboveground total N content, LAI, or aboveground biomass of two cotton cultivars in experiment 1

注：(a)、(c) 和 (e) 图表示的 2 个棉花品种'新陆早 43'和'新陆早 48'典型曲线；(b)、(d) 和 (f) 图表示 N0~N4 5 个施氮处理曲线

Note：The curves in (a), (c), and (e) were fitted by cotton cultivar：'XLZ 43'and'XLZ 48'. The curves in (b), (d), and (f) were fitted by N rate：0kg/hm^2 (N0), 120kg/hm^2 (N1), 240kg/hm^2 (N2), 360kg/hm^2 (N3), and 480kg/hm^2 (N4)

表 4-1　试验 1 中 2 个品种棉花图像覆盖度 CC 与 3 个农学参数间指数函数关系

Table 4-1　Exponential equations showing the relationships between canopy cover and the three crop properties of two cotton cultivars in experiment 1

品种 Cultivar	作物属性 Crop property	参数 k （mean±SD）	参数 b （mean±SD）	根均方差 RMSE	决定系数 R^2
XLZ 43	棉株地上部总含氮量 Aboveground total N content	0.712±0.019	4.285±0.020	1.483g/m²	0.966**
	叶面积指数 LAI	0.452±0.034	2.622±0.101	0.483m²/m²	0.946**
	棉株地上部生物量 Aboveground biomass	37.175±6.092	4.206±0.207	110.714g/m²	0.892*
XLZ 48	棉株地上部总含氮量 Aboveground totalN content	0.769±0.017	4.251±0.018	1.437g/m²	0.969**
	叶面积指数 LAI	0.438±0.043	2.650±0.128	0.496m²/m²	0.924**
	棉株地上部生物量 Aboveground biomass	33.731±8.202	4.208±0.302	146.344g/m²	0.879*

注：** 表示在 0.01 水平上显著相关，* 表示在 0.05 水平上显著相关，下同；** indicates significant difference at $P<0.01$；* indicates significant difference at $P<0.05$, the same as below

从图 4-3（b，d，f）和表 4-2 的参数值可以看出，5 个不同 N 素水平处理下，棉花冠层覆盖度 CC 与 3 个农学参数间非线性指数函数关系差异显著，且各 N 素处理间参数 k、b 具有明显的规律性变化，其中 k 值、b 值均随着施 N 肥的增加而增加，即 $k_{N4}>k_{N3}>k_{N2}>k_{N1}>k_{N0}$，$b_{N4}>b_{N3}>b_{N2}>b_{N1}>b_{N0}$；其参数值变化如下，对于棉株地上部总氮累积量来说，k 值从 0.497 增加到 0.801，b 值从 4.238 增加到 4.265；对于群体叶面积指数 LAI 来说，k 值从 0.368 增加到 0.481，b 值从 2.596 增加到 2.988；对于棉株地上部生物量 $AGBA$ 来说，k 值由 20.043 增加到 28.736，b 值从 3.465 增加到 4.697；这充分证明不同氮素条件下，棉花冠层覆盖度 CC 与 3 个农学参数间密切相关，具有很好的模拟效果和生物学意义。由此可见，在棉花从出苗到盛花期这个生长阶段，图像特征参数 CC 能准确诊断棉花 N 素营养状况，可作为数字化精准施 N 肥和最佳施 N 肥的监测指标。

表 4-2 试验 1 中 5 个 N 素水平下棉花图像覆盖度 CC 与 3 个农学参数间指数函数关系

Table 4-2 Exponential equations showing the relationships between canopy cover and the three crop properties of two cotton cultivars grown with five N rates in experiment 1

作物属性 Crop property	氮素水平 N rates	参数值 k (mean±SD)	参数值 b (mean±SD)	根均方差 RMSE	决定系数 R^2
棉株地上部总含氮量 Aboveground totalN content	N0	0.497±0.034	4.238±0.042	1.793g/m²	0.949**
	N1	0.549±0.021	4.241±0.032	1.459g/m²	0.965**
	N2	0.632±0.027	4.248±0.025	1.328g/m²	0.975**
	N3	0.752±0.024	4.256±0.023	1.287g/m²	0.978**
	N4	0.801±0.037	4.265±0.034	1.384g/m²	0.957**
叶面积指数 Leaf area index	N0	0.368±0.079	2.596±0.257	0.565m²/m²	0.864*
	N1	0.384±0.043	2.896±0.157	0.508m²/m²	0.910**
	N2	0.460±0.057	2.907±0.211	0.194m²/m²	0.9618**
	N3	0.465±0.048	2.959±0.129	0.265m²/m²	0.966**
	N4	0.481±0.086	2.988±0.227	0.496m²/m²	0.939**
棉株地上部生物量 Aboveground biomass	N0	20.043±11.741	3.465±0.596	348.664g/m²	0.758*
	N1	23.769±10.431	4.378±0.499	225.427g/m²	0.885*
	N2	27.519±14.982	4.632±0.699	139.005g/m²	0.864**
	N3	28.283±8.986	4.674±0.388	124.954g/m²	0.948**
	N4	28.736±6.956	4.697±0.377	192.813g/m²	0.938**

注：** 表示在 0.01 水平上显著相关，* 表示在 0.05 水平上显著相关。** indicates significant difference at $P<0.01$；* indicates significant difference at $P<0.05$, the same as below

4.2.3 覆盖度 CC 与 3 个农学参数间模拟模型的建立

随着棉花生育进程的推移，利用 Origin-Pro v.8.5 软件，通过指数函数式 4-1 将 2010 年和 2011 年试验 1 中提取的棉花冠层图像覆盖度 CC 与棉花地上部分总含氮量、叶面积指数 LAI 和地上部分生物量动态变化关系拟合。从而建立基于 CC 与棉花 3 个农学属性之间的统计回归模型，拟合曲线函数表达式见表 4-3，由拟合曲线图 4-3 和表 4-3 中根均方差 RMSE、决定系数 R^2 的值表明，CC 值与植株总氮累积量拟合度最高，精确度最好，其决定系数 R^2 达到 0.978。

表 4-3   *CC* 与 3 个农学参数间模型方程式及模型检验

Table 4-3   Fitted parameters and goodness of fit for calibration equations linking canopy cover in experiment 1 with 3 cropproperties using Eq. （4-1）. Validation refers to the goodness of fit for the three equations applied to canopy cover measured at three sites in experiment 2

	作物属性 Crop property	模型方程式 Model equation	根均方差 *RMSE*	决定系数 R^2
模型建立 Calibration	棉株地上部总含氮量 Aboveground total N content	$y = 0.619e^{4.262 \times CC}$	1.479g/m^2	0.978
	叶面积指数 Leaf area index	$y = 0.448e^{2.631 \times CC}$	$0.287 \text{m}^2/\text{m}^2$	0.935
	棉株地上部生物量 Aboveground biomass	$y = 36.297e^{4.172 \times CC}$	134.412g/m^2	0.901
模型检验 Validation	棉株地上部总含氮量 Aboveground total N content		1.631g/m^2	0.926
	叶面积指数 Leaf area index		$0.675 \text{m}^2/\text{m}^2$	0.842
	棉株地上部生物量 Aboveground biomass		170.156g/m^2	0.827

4.2.4   模型检验

　　试验 1 中获得的 *CC* 值，主要用于评估棉花冠层特性和构建模拟模型方程式，试验 2 中获取 3 个不同生态点高产田数据，主要用于对试验 1 所建立的模型进行检验。试验 1 中模拟的指数函数式能准确评估棉花从出苗后到盛花前期的 3 个农学特性。若将试验 2 中棉花出苗后到盛花期任意时刻的冠层图像进行分割，获取 *CC* 值，利用表 4-2 指数模型方程式进行模拟计算，就可得出与之相对应的 3 个农学属性值，将其模拟计算值与实际观察值用 *RMSE* 检验。由图 4-4（a、b、c）的趋势线图可知，其模拟模型精确度高，能准确评估棉花出苗到盛花期的 3 个农学属性。由表 4-3 可以看出，棉花地上部总 N 累积量决定系数 R^2 最高，值为 0.926；其次叶面积指数 LAI，最后地上部生物量，其 R^2 值分别是 0.842 和 0.827。以上 3 个农学参数根均方差 *RMSE* 的值分别是 1.631g/m^2、0.675g/m^2、170.156g/m^2。这表明 *CC* 可用于精确评估棉田 N 素营养水平以及 N 肥决策推荐。

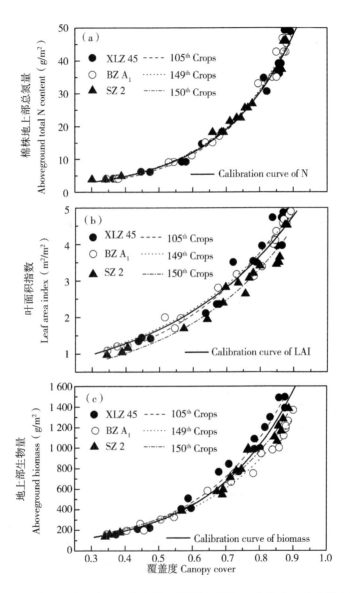

图 4-4 运用试验 2 中 3 个不同高产棉田数据检验拟 *CC* 与棉花 3 个农学参数模型

Fig. 4-4 Validation model asing the fitted parameters in Table 4-3 to predict aboveground total N content, LAI, or aboveground biomass in three cotton fields in experiment 2

4.3 讨论

   农业生产上，获取作物冠层覆盖度 CC 的方法有多种，最常见的是人工田间调查，然而手工调查与测量需要花费大量的时间，消耗大量的人力、物力和财力，且田间调查受人为因子、环境因子等诸多因素的影响与限制，从而导致资源浪费。更关键的是田间人工实地调查获取覆盖度时人为引起误差大[131,141]。而近地面遥感监测技术则是一种既快捷方便又能大面积获取作物冠层覆盖度的方法[142]。多种近地面遥感监测设备已经被用于监测作物的生长状况和预测产量。如，采用手持光谱测量仪（The GreenSeeker™）获得作物冠层归一化植被指数 NDVI 和比值指数 RVI 的值，进而分析这些光谱指数与作物含氮量、LAI 和地上部生物量间相关性[142]。然而，这些光谱测量仪器图像分辨率低，数据采集范围受限，采集的数据准确性不高甚至失去监测意义。

   目前，数码相机可作为另一种近地面遥感监测设备，通过准确提取作物冠层图像覆盖度 CC 的方法替代以上其他光谱监测工具。由于数码相机便于携带且成本低，采集到的图像分辨率高，图像直观，监测速度快、无损耗[116,125]。因此应用数码相机进行作物长势监测优势突出，前景巨大。国内外许多研究人员已经做了大量的研究。采用数码相机每间隔一定时间段采集一次作物图像，采集到的图片能应用图像分割法快速准确地分割，从而分析作物冠层结构发生的潜在变化，数字图片也便于存档以供将来参考[118,127,128]。应用数码相机采集作物冠层图像进行作物长势监测、计算作物冠层 CC 和裸地面积等[116,118,126-130,133,135,143]，因此采用数码相机作为近地遥感监测能取得较高的经济效益。

   本研究从棉花冠层图像的红色光波和绿色光波中提取红色分量 R 值和绿色分量 G 值（图 2-7），通过计算机算法准确推算出棉花冠层从出苗后到盛花期的覆盖度 CC（图 2-7a 和图 2-7b）。此方法简便容易，且应用性强，适宜于大多数绿色作物，是最通用的图像冠层覆盖度获取方法[128]。

   应用数码相机获取作物冠层图像 CC 比使用其他工具更准确实用，将棉花冠层图像分为 2 部分，一层为棉花冠层，另一层为土壤背景层[128]。为了更准确描述复杂自然环境中棉花冠层图像，本研究通过求阈值将棉花冠层图像分为4层，冠层图像包括光照冠层（Sunlit canopy，SC）与阴影冠层（Shaded canopy，ShC）；土壤背景层分为光照土壤层（Sunlit soil，SS）和阴影土壤层（Shaded soil，ShS）。

前人研究表明，随着作物生育进程的不断推进，作物覆盖地面的范围越来越大，冠层覆盖度 CC 的值越来越大，当冠层覆盖度比较大时，此时通过数码相机获取作物 CC 稍偏低于实际覆盖度值[128]。主要原因是作物冠层上部叶片遮盖了作物下层的叶片，在图像上形成黑暗部分（并非阴影冠层）。这部分阴影区域在图像中占据了相对较小一部分冠层图像，计算机在识别时误认为土壤背景并删除。然而，本研究通过2种方法提取棉花冠层覆盖度 CC，结果表明，这部分误差较小，并不影响应用 CC 进行作物长势监测和N素营养状态诊断的有效性（图2-7）。

本研究认为，CC 与棉花3个农学参数（棉株总含氮量、LAI和地上部生物量）间有显著的相关性，CC 与棉花3个农学参数间存在非线性指数函数关系（图4-3）；通过表4-1~表4-3的决定系数 R^2 和 $RMSE$ 的值可以看出，CC 能作为评价作物氮素营养状态的特征参数[118,126,128]，此研究结果与前人在油菜、小麦、水稻等作物研究结果相同[118,127,1128,133]。研究还发现，5个不同N素水平的k值具有明显差异（表4-1），随施氮量的增加其k值发生规律性变化，主要是由于施N量不同其棉花叶片大小与下垂程度不同，覆盖度随施氮量的增加而增加。然而，应用 CC 进行作物长势监测也具有一定的局限性，理论上 CC 的取值范围从0到1，但当冠层覆盖度达到最大甚至于接近封垄时，冠层覆盖度 CC 不再增大，极大值为1，但是棉花的总含氮量、LAI和地上部生物量还在继续增加，因此应用数码相机获取 CC 法进行棉花长势监测或氮素营养状态评价仅仅是在 CC 达到最大值之前，超出这个生长阶段以后，CC 就不能进行棉花长势监测或氮素营养状态评价。

在农业生产中，N肥的应用主要取决于土壤N肥的供应量和作物N肥的需求量[134,144]。传统方法是在播种前对土壤样本进行提取分析，得到土壤对作物潜在的N肥供应量，作物对于N肥需求量仅仅决定于第1次土壤测试，最终将导致由于过量施 N 肥或 N 肥不足而引起的环境毁坏和经济损失。本研究方法应用数码相机实时无损的进行近地遥感监测，是在作物生长季节获取冠层图像，用获取的 CC 来决定作物 N 肥需求量，这种随时跟踪监测，及时掌握作物 N 肥需求量对于推进现代农业信息技术的发展非常有用。

近年来，随着 3D 数码相机（Three-dimensional digital cameras）的快速发展，将 3D 数码相机与作物 N 素诊断决策系统连接起来，并运用农业物联网技术和远程控制技术可连续不断地获取作物冠层动态信息，从而对作物 N 肥需求量进行评价将是农业信息技术应用的重点内容。

4.4　小结

本研究描绘了一种快速可靠、经济实惠的棉花 N 素营养诊断方法，即基于数码相机的近地面遥感监测法。通过 2 种思路获取棉花冠层覆盖度 CC，建立了 CC 与 3 个农学参数间的指数函数关系模型。并通过 3 个高产田试验检验了模型的准确度与精度。模型检验结果表明，CC 与棉花地上部总氮累积量相关性最高，因此 CC 可作为数码相机无损监测技术中作物 N 素营养状态评估的指标参数，通过 CC 的获取，对于作物 N 肥需求量能够提供及时有用的信息。数码相机作为一个近地面遥感监测工具在精准农业的应用研究中是一个新的发展领域。为了充分体现这种方法的时效性，后期的研究重点还需要不断提高图像分割与图像分析方法。

5 基于不同特征颜色参数的棉花长势监测与氮素营养诊断模型

作物的氮素营养状况直接反映着叶绿素的含量，而叶绿素的含量直接影响着植株的冠层颜色[63,109]。快速诊断作物生长过程中 N 营养状况检测工具很多[109]。如：叶绿素测量仪（SPAD-502）等近地遥感检测设备已经被广泛应用于作物 N 素营养快速监测[138]，并建立了植株全 N 诊断模型[127,128]，这些方法与诊断模型在一定程度上改善了经验施肥带来的盲目性和 N 肥过量引起的环境污染等问题，然而 SPAD-502 测量植株全 N 的叶片面积范围仅仅为 $6mm^2$ [119,132]，虽然操作方法简洁方便，但是要进行大面积作物氮素营养诊断和推荐施肥还存在一定的局限性。

应用航拍和近地面拍摄，获取作物冠层颜色特征或红外图像，已经成功应用于作物冠层 N 营养状况诊断和 N 肥推荐[127,128]。不同供 N 量作物群体冠层图像颜色特征分量值不同，目前运用数字图像分割技术对作物长势检测和氮素营养状况诊断，已取得一定的成果[115,118,120,122,125-128,132,135,136]。Adamsen 等研究了颜色组合值 G/R 等与植株氮含量、作物叶片 SPAD-502 值等就有很好的相关性。Wang 等（2013）对水稻营养生长阶段氮素营养状况进行了研究，经过图像分割，提取阈值的方法，认为冠层特征参数 $G-R$ 与 G/R 是较好地表征水稻拔节期氮素营养状况的指标，并建立了指数函数模型[128]。韩国学者 K. J. Lee 和 B. W. Lee（2013）等运用同样的方法，获取水稻出苗至拔节期这个关键时期冠层图像，并对水稻冠层图像进行分析、分割处理[127]，对图像参数 G/R、GMR（$G-R$）以及冠层覆盖度 CC 等进行了相关性分析[127]，并通过动态模拟建立关系模型[127]，从而实现对水稻的快速监测与氮素营养诊断。

本研究旨在进一步应用数字图像分析技术建立 GMR（G-R）、超绿色值 $2g$-r-b 和 G/R 与棉花农学参数间的关系模型，探索棉花长势监测与氮素营养诊断关键生育时期，挖掘棉花长势监测与氮素营养诊断最佳颜色参数与变量，为棉花监测诊断、精准施肥和推荐施肥提供技术支撑。

5.1 材料与方法

5.1.1 试验材料

小区试验地的选取，同 2.2.1 试验 1。

高产田试验地的选取，同 2.2.2 试验 2。

小区试验地土壤属性的基本情况，同 2.2.3。

高产田土壤属性同试验 3。

5.1.2 测试内容与方法

试验地棉花群体冠层数字图片获取，同 2.3.2.1。

冠层图像 RGB 与 HIS 参数值提取，同 2.3.2.2。

颜色系统中各颜色组合参数归一化 r，归一化 g，归一化 b，G-R，和 $2g$-r-b 等获取，见内容 2.3 试验测试项目与方法，同 2.3.2.3。

5.1.3 数据分析处理与模型检验

本部分研究需要的所有数据处理分析与模型检验，见内容 2.4 数据分析与模型检验部分，同 2.4.1 和 2.4.2。

5.2　结果与分析

5.2.1　不同品种棉花图像特征参数与农学参数间相关性分析

　　棉花冠层图像参数值指标包括 R、G、B 值和 H、I、S 值，归一化标准颜色值 g、r、b，以及不同特征颜色组合值 2g-b-r、G/R、G-R 等等关键参数。棉花农学参数包括地上部生物量累积（Aboveground biomass accumulation，AGBA），叶面积指数 LAI，棉花地上部棉株 N 累积量（Aboveground Total N Content）等重要指标。对棉花冠层不同特征颜色参数与农学属性之间的相关性分析，分析二者之间年际间差异，品种间差异，不同施 N 量间差异。

　　表 5-1 对试验 1 中 2010—2011 年 XLZ 43 和 XLZ 48 的试验数据进行汇总整理，将其农学参数与冠层图像参数进行整合、整理、筛选。最后对棉花地上部生物量，叶面积指数 LAI，棉花植株总氮累积量等农学参数在 2 个品种间的相关性进行了分析、汇总，并分析了包括 R 值、G 值、B 值、G/R 值、g 值、r 值、b 值、和 G-R 等 13 个图像特征参数在 2 个花品种间的相关性。

　　由表 5-1 独立 T 检验的数据显示表明，2 个品种间农学参数与图像参数均差值和标准误差值均相等，且均值和标准差没有明显差异。因此 2 个花品种间相关性差异不显著。主要原因是新疆北疆栽培的棉花品种是早熟型陆地棉，且 XLZ 43 和 XLZ 48 属同一遗传品系，植株在叶面积大小、叶片形态、叶倾角、叶片颜色以及株型的整齐度和株高都具有一定的相似性。因此 2 个花品种间各农学参数与获取的冠层图像参数差异不显著。

5.2.2　不同 N 处理棉花图像特征参数与农学参数间相关性分析

　　棉花叶面积指数 LAI、地上部生物量积累 AGBA 以及棉株 N 累积量与光谱反射率关系有没有必然的联系，相互之间的关系密切与否，需要运用统计学方法进行相关性分析和回归分析找出他们直接的关系。因此，本研究重点分析不同 N 素水平下，棉花群体指标 LAI、地上部生物量、地上部棉花植株总氮累积量与其冠层图像 RGB 模型的特征参数之间关系模型。本研究通过应用国际通用的 SPSS 统

表5-1 棉花2个品种间农学参数与图像参数独立T检验

Table 5-1　Independent Samples Test in two cottons varieties

参数值 (Parameter)	品种 (Variety)	样本数N (Number of Samples)	均值 (Mean)	标准差 (Std. Deviation)	均值的标准误 (Mean Std. Deviation)	均值差 (Mean Difference)	标准误差值 (Std. Error Difference)	差异的95%置信区间 (95% Confidence Interval of the Difference)	
								下限 (Lower)	上限 (Upper)
叶面积指数 (Leaf area index, LAI)	XLZ 43	150	2.494	1.110	0.157	-0.092	0.229	-0.546	0.362
	XLZ 48	150	2.585	1.175	0.166	-0.092	0.229	-0.546	0.362
植株总氮累积量 (Total N content)	XLZ 43	150	16.932	12.585	1.780	-0.885	2.571	-5.987	4.218
	XLZ 48	150	17.817	13.121	1.856	-0.885	2.571	-5.987	4.218
地上部生物量 (Aboveground biomass, AGBA)	XLZ 43	150	610.218	434.815	61.492	-0.965	86.534	-172.689	170.759
	XLZ 48	150	611.183	430.513	60.884	-0.965	86.534	-172.689	170.759
冠层覆盖度 (Canopy cover, CC)	XLZ 43	150	0.612	0.170	0.024	-0.020	0.035	-0.088	0.049
	XLZ 48	150	0.631	0.175	0.025	-0.020	0.035	-0.088	0.049
红光值 (Red, R)	XLZ 43	150	123.399	17.479	2.472	3.348	3.563	-3.722	10.418
	XLZ 48	150	120.051	18.140	2.565	3.348	3.563	-3.722	10.418
绿光值 (Green, G)	XLZ 43	150	149.944	19.469	2.753	-2.331	3.813	-9.897	5.235
	XLZ 48	150	152.274	18.649	2.637	-2.331	3.813	-9.897	5.236
蓝光值 (Blue, B)	XLZ 43	150	105.767	14.726	2.083	-1.346	2.807	-6.917	4.225
	XLZ 48	150	107.114	13.311	1.882	-1.346	2.807	-6.918	4.225
归一化r	XLZ 43	150	0.318	0.010	0.001	-0.004	0.002	-0.007	0.000
	XLZ 48	150	0.322	0.009	0.001	-0.004	0.002	-0.007	0.000

（续表）

参数值 (Parameter)	品种 (Variety)	样本数 N (Number of Samples)	均值 (Mean)	标准差 (Std. Deviation)	均值的标准误 (Mean Std. Deviation)	均值差 (Mean Difference)	标准误差值 (Std. Error Difference)	差异的 95% 置信区间 (95% Confidence Interval of the Difference)	
								下限 (Lower)	上限 (Upper)
归一化 g	XLZ 43	150	0.402	0.010	0.001	0.002	0.002	-0.001	0.006
	XLZ 48	150	0.399	0.009	0.001	0.002	0.002	-0.001	0.006
归一化 b	XLZ 43	150	0.280	0.011	0.001	0.000	0.002	-0.004	0.004
	XLZ 48	150	0.280	0.011	0.002	0.000	0.002	-0.004	0.004
$G-R$	XLZ 43	150	32.318	6.787	0.960	0.155	1.349	-2.521	2.831
	XLZ 48	150	32.163	6.699	0.947	0.155	1.349	-2.521	2.831
G/R	XLZ 43	150	1.298	0.067	0.010	0.004	0.013	-0.022	0.030
	XLZ 48	150	1.294	0.064	0.009	0.004	0.013	-0.022	0.030
$2g-r-b$	XLZ 43	150	0.217	0.038	0.005	-0.002	0.008	-0.017	0.013
	XLZ 48	150	0.218	0.039	0.006	-0.002	0.008	-0.017	0.013

计分析软件对 2010—2011 年 2 年来棉花群体指标与图像参数进行相关性分析。具体分析结果由表 5-2 可以明显地看出，不同氮素处理棉花群体指标与图像特征参数 CC、G-R、$2g$-r-b 等具有明显的相关性。CC 与棉花 3 个群体指标的相关系数分别为 0.926^{**}、0.933^{**}、0.941^{**}；G-R 与 3 个群体指标的相关系数分别为 0.945^{**}、0.968^{**}、0.935^{**}；$2g$-r-b 与 3 个群体指标的相关系数分别为 0.906^{**}、0.935^{**}、0.898^{**}；G/R 与棉花 3 个农学参数间相关系数依次分别为 0.859^{**}、0.889^{**}、0.892^{**}。所有这些参数都表明了正相关关系，除了归一化绿色值 g 与归一化蓝色值 b 显示负相关，且相关性均达到了显著或极显著水平。

由表 5-2 研究结果表明，CC 与棉花群体指标植株 N 累积量相关性最显著。其相关性系数最高，相关系数 $r=0.941^{**}$，各颜色参数与棉花农学参数间相关性系数大小次序依次为 $CC>G$-$R>2g$-r-$b>G/R$；G-R 与棉花叶面积指数 LAI 相关系数最大，相关系数 $r=0.968^{**}$，各颜色参数与棉花农学参数间相关性系数大小次序依次为 G-$R>CC>2g$-r-$b>G/R$。

由此可见，不仅 CC 可以作为棉花冠层颜色特征参数，可对棉花进行长势监测与 N 素营养水平诊断（本研究第 4 部分内容），同时特征参数 G-R、深绿色 $2g$-r-b 和 G/R 等也可以作为重要的监测指标，对棉花长势长相进行决策分析和 N 素营养状况进行评估。

5.2.3 棉花群体图像特征参数 G-R 与农学参数间动态关系

5.2.3.1 参数 G-R 与农学参数间动态变化规律分析

运用 Origin-Pro v. 8.5 软件将试验 1 中 2010 年和 2011 年 2 个花品种群体冠层图像特征参数 G-R 值与棉花 3 个农学参数植株地上部总 N 累积量、叶面积指数 LAI 和地上部生物量累积量 $AGBA$ 间的数据进行整理，分析拟合，得到了最能准确表述 G-R 值与棉花 3 个农学参数间的指数函数表达式，其数学表达式为：

$$y = ke^{b \times (G-R)}$$

(5-1)

模型表达式 (5-1) 中：G-R 代表自变量，表示经过数字图像分割后获取的棉花冠层图像特征参数值；y 代表因变量，分别表示为棉株地上部总 N 含量、叶面积指数 LAI 和地上部生物量累积量 $AGBA$；其中，参数 k 为初始值，b 为形状参数。

表 5-2　5 个 N 处理间棉花群体生长参数与冠层图像特征参数相关性分析

Table 5-2　Pearson Correlation coefficients between cotton properties and the image parameters in five N treatments

参数	N content	LAI	AGBA	R	G	B	g	r	b	G-R	G/R	2g-r-b	CC
N content	1	0.966**	0.969**	0.767**	0.669**	0.742**	-0.600**	0.666**	-0.018	0.935**	0.859**	0.898**	0.941**
LAI	0.966**	1	0.966**	0.817**	0.736**	0.789**	-0.557**	0.723**	-0.064	0.968**	0.889**	0.935**	0.933**
AGBA	0.969**	0.966**	1	0.799**	0.704**	0.780**	-0.590**	0.713**	-0.021	0.945**	0.892**	0.906**	0.926**
R	0.767**	0.817**	0.799**	1	0.917**	0.886**	-0.232	0.754**	-0.342**	0.879**	0.913**	0.905**	0.877**
G	0.669**	0.736**	0.704**	0.917**	1	0.884**	-0.124	0.786**	-0.447**	0.797**	0.884**	0.863**	0.815**
B	0.742**	0.789**	0.780**	0.886**	0.884**	1	-0.392**	0.740**	-0.195	0.847**	0.849**	0.846**	0.853**
g	-0.600**	-0.557**	-0.590**	-0.232*	-0.124	-0.392**	1	-0.379**	-0.437**	-0.493**	-0.287**	-0.346**	-0.472**
r	0.666**	0.723**	0.713**	0.754**	0.786**	0.740**	-0.379**	1	-0.356**	0.745**	0.730**	0.769**	0.730**
b	-0.018	-0.064	-0.021	-0.342**	-0.447**	-0.195	-0.437**	-0.356**	1	-0.101	-0.327**	-0.277**	-0.156
G-R	0.935**	0.968**	0.945**	0.879**	0.797**	0.847**	-0.493**	0.745**	-0.101	1	0.910**	0.950**	0.958**
G/R	0.859**	0.889**	0.892**	0.913**	0.884**	0.849**	-0.287**	0.730**	-0.327**	0.910**	1	0.958**	0.920**
2grb	0.898**	0.935**	0.906**	0.905**	0.863**	0.846**	-0.346**	0.769**	-0.277**	0.950**	0.958**	1	0.960**
CC	0.941**	0.933**	0.926**	0.877**	0.815**	0.853**	-0.472**	0.730**	-0.156	0.958**	0.920**	0.960**	1

注：** 表示在 0.01 水平上显著相关，* 表示在 0.05 水平上显著相关。AGBA, LAI, N-content, CC, R, G, B, r, g, b, 2g-r-b, GMR, G/R 同上

由图 5-1 可以看出，基于图像特征参数 $G-R$ 值的模拟曲线与基于覆盖度 CC 的模型参数形式是一致的；图 5-1（a，c，e）中显示为 2 个不同棉花品种在盛花期之前，即棉花出苗后 90d 左右，冠层覆盖度 CC 到达最大值或封垄之前，$G-R$ 值与棉株地上部总 N 累积量、叶面积指数 LAI 和地上部生物量累积量的动态分布；图 5-1（b，d，f）中显示了 5 个不同 N 素水平下在盛花期之前，即当棉花出苗后 90d 左右，$G-R$ 值与棉株地上部总 N 累积量、叶面积指数 LAI 和地上部生物量累积量的动态分布。

2 不同品种 XLZ 43 和 XLZ 48 动态曲线模拟特征参数值 k 和 b 见表 5-3，5 个不同的 N 素处理之间的动态曲线模拟特征参数值 k 和 b 见表 5-4。

由图 5-1（a，c，e）模拟结果表明，2 个品种 XLZ 43 和 XLZ 48 间拟合函数曲线没有明显差别，通过表 5-3 中的曲线参数值对比发现，2 个品种之间的 k 值和 b 值比较相似，没有明显规律性变化（主要原因同 4.2.2）。

从图 5-1（b，d，f）和表 5-4 的参数值中可以看出，对于 5 个不同 N 素水平下，图像特征参数值 $G-R$ 与棉株地上部总 N 含量、叶面积指数 LAI 和地上部生物量间模拟模型在形式上同覆盖度 CC 的变化规律是一致的，但各 N 素处理间的参数 k、b 不同，且具有明显的变化规律，其中 k 值随施 N 量的增加而不断增大，即 $k_{N4} > k_{N3} > k_{N2} > k_{N1} > k_{N0}$；$b$ 值随施 N 量的增加而不断减小，即 $b_{N0} > b_{N1} > b_{N2} > b_{N3} > b_{N4}$；其参数值的变化如下，对于棉株地上部总氮累积量来说，k 值变化范围由 0.213 增加到 0.520，b 值变化范围由 0.123 减小到 0.093；对于叶面积指数 LAI 来说，k 值变化范围由 0.217 增加到 0.342，b 值变化范围由 0.072 减小到 0.060；对于地上部生物量 AGBA 来说，k 值变化范围由 13.256 增加到 20.533，b 值变化范围由 0.109 减小到 0.100；充分地证明了在不同氮素条件下，图像特征参数值 $G-R$ 模拟棉株地上部总 N 累积量、叶面积指数 LAI 和地上部生物量，具有很好的模拟效果和生物学意义，且模拟模型同样满足指数函数关系式。由此可见，在棉花生长发育进程中，图像特征参数 $G-R$ 能进行棉花 N 素营养诊断，可以作为数字化与信息化精准施 N 肥和最佳施 N 肥监测指标。

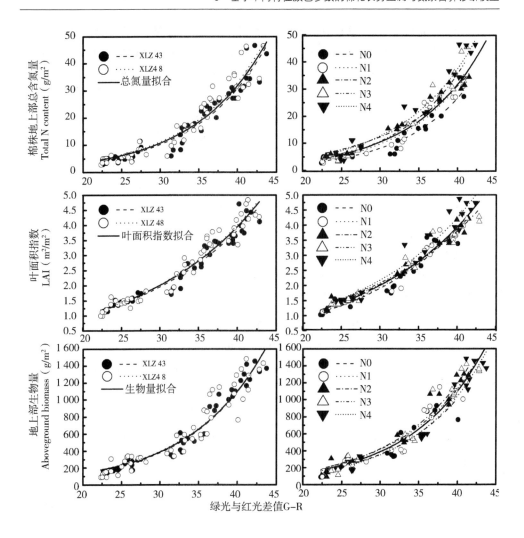

图 5-1　棉花冠层图像特征参数 *G-R* 与农学参数间动态关系模型

Fig. 5-1　Calibration models describing the relationship between *G-R* value and aboveground total N content，LAI，or aboveground biomass in experiment 1

Note：The curves in （a），（c），and （e） were fitted by cotton cultivar：'XLZ 43' or 'XLZ 48'. The curves in （b）， （d），and （f） were fitted by N rate：0kg/hm² （N0），120kg/hm² （N1），240kg/hm² （N2），360kg/hm² （N3），and 480kg/hm² （N4）

表 5-3　试验 1 中 2 个品种棉花图像特征参数 *G-R* 与 3 个农学参数间指数函数关系

Table 5-3　Exponential equations showing the relationships between *G-R* value and the three crop properties of two cotton cultivars in experiment 1

作物属性 Crop property	品种 Cultivar	参数 *k* （mean±*SD*）	参数 *b* （mean±*SD*）	根均方差 *RMSE*	决定系数 R^2
棉株总氮含量 Aboveground total N content	XLZ 43	0.363±0.081	0.111±0.005	1.497g/m²	0.932 **
	XLZ 48	0.430±0.107	0.108±0.006	1.501g/m²	0.910 **
叶面积指数 LAI	XLZ 43	0.261±0.023	0.067±0.002	0.469m²/m²	0.956 **
	XLZ 48	0.268±0.027	0.068±0.003	0.482m²/m²	0.943 **
地上部生物量 Aboveground biomass	XLZ 43	15.515±0.106	2.670±0.004	114.273g/m²	0.954 **
	XLZ 48	18.177±0.103	4.497±0.006	152.011g/m²	0.899 *

注：** 表示在 0.01 水平上显著相关，** indicates significant difference at *P*<0.01；* 表示在 0.05 水平上显著相关，* indicates significant difference at *P*<0.05

表 5-4　试验 1 中 5 个 N 素水平下棉花图像特征参数 *G-R* 与 3 个农学参数间指数函数关系

Table 5-4　Exponential equations showing the relationships between *G-R* value and the three crop properties of two cotton cultivars grown with five N rates in experiment 1

作物属性 Crop property	氮素水平 N rates	参数值 *k* （mean±*SD*）	参数值 *b* （mean±*SD*）	根均方差 *RMSE*	决定系数 R^2
棉株地上部 氮累积量 Aboveground total N content	N0	0.213±0.079	0.123±0.010	1.603g/m²	0.917 **
	N1	0.317±0.134	0.118±0.011	1.792g/m²	0.908 **
	N2	0.319±0.174	0.115±0.005	1.286g/m²	0.959 **
	N3	0.416±0.123	0.107±0.009	1.372g/m²	0.947 **
	N4	0.520±0.179	0.093±0.008	1.388g/m²	0.945 **
叶面积指数 Leaf area index	N0	0.217±0.044	0.072±0.006	0.583m²/m²	0.904 **
	N1	0.235±0.036	0.070±0.004	0.314m²/m²	0.951 **
	N2	0.282±0.037	0.067±0.003	0.207m²/m²	0.964 **
	N3	0.295±0.049	0.064±0.004	0.481m²/m²	0.947 **
	N4	0.342±0.050	0.060±0.004	0.477m²/m²	0.945 **

（续表）

作物属性 Crop property	氮素水平 N rates	参数值 k （mean±SD）	参数值 b （mean±SD）	根均方差 RMSE	决定系数 R^2
地上部生物量 Above-ground biomass	N0	13.256±7.045	0.109±0.013	326.237g/m²	0.849 *
	N1	14.168±5.917	0.109±0.011	284.192g/m²	0.899 **
	N2	15.598±5.451	0.104±0.007	164.274g/m²	0.952 **
	N3	18.692±6.645	0.104±0.008	187.382g/m²	0.937 **
	N4	20.533±4.675	0.100±0.008	179.357g/m²	0.946 **

注：** 表示在 0.01 水平上显著相关，** indicates significant difference at $P<0.01$；* 表示在 0.05 水平上显著相关，* indicates significant difference at $P<0.05$

5.2.3.2 参数 $G\text{-}R$ 与农学参数间动态模拟模型的建立

通过上述指数函数（5-1）动态变化关系图 5-1 的分析描述可知，运用图像分割法获取棉花冠层图像特征参数 $G\text{-}R$ 值能准确模拟棉花地上部分总含氮量、叶面积指数 LAI 和地上部分生物量。结合表 5-3 与表 5-4 中参数 k、b 和决定系数 R^2 的值表明，$G\text{-}R$ 值与 LAI 的拟合度相对来说最高，精确度最好。因此，将 2010 年和 2011 年试验 1 中提取的 $G\text{-}R$ 数据利用 Origin v.8.5 软件进行指数函数（5-1）模拟，从而建立基于冠层图像特征参数 $G\text{-}R$ 与棉花 3 个农学属性之间的统计模型，具体的模型关系式见表 5-5。

表 5-5 基于 $G\text{-}R$ 值与棉株地上部总 N 含量、叶面积指数 LAI 和地上部生物量模型方程式

Table 5-5 Model equations of aboveground total N content, LAI and aboveground biomass of cotton based on the $G\text{-}R$ value

作物属性 Crop property	模型方程式 Model equation	根均方差 RMSE	决定系数 R^2
棉株地上部总含氮量 Aboveground total N content	$y=0.401e^{0.109\times(G-R)}$	1.629g/m²	0.918 **
叶面积指数 Leaf area index	$y=0.264\,e^{0.067\times(G-R)}$	0.327m²/m²	0.946 **

(续表)

作物属性 Crop property	模型方程式 Model equation	根均方差 RMSE	决定系数 R^2
地上部生物量 Aboveground biomass	$y = 16.819\,e^{1.046 \times (G-R)}$	$156.257 g/m^2$	0.903^{**}

注：** 表示在 0.01 水平上显著相关，** indicates significant difference at $P < 0.01$

由建立的模型方程式表 5-5 可知，对于棉花群体指标 LAI 来说，其模型的根均方差 $RMSE = 0.327 m^2/m^2$，决定系数 $R^2 = 0.946$；对于棉花地上部分总含氮量来说，其模型的根均方差 $RMSE = 1.629 g/m^2$，决定系数 $R^2 = 0.918$；对于棉花地上部生物量，其根均方差 $RMSE = 156.257 g/m^2$，决定系数 $R^2 = 0.903$。这表明，在棉花出苗到盛花这个生育阶段，特征参数 $G-R$ 能准确地监测叶面积指数 LAI，对 LAI 光学敏感性比地上部分总 N 量和地上部分生物量更强。由此可推算出应用数字图像分割法获得的冠层特征参数值 $G-R$ 可用于估测棉花群体指标叶面积指数 LAI 的监测，也可以评估棉花群体冠层特性。

5.2.3.3 参数 $G-R$ 与农学参数间动态模拟模型的检验

从试验 1 中获得的棉花冠层图像组合参数 $G-R$ 值，主要是用来构建模型方程式，用于评估棉花冠层特性。而从试验 2 中获取 3 个不同生态点上的数据，主要是通过北疆 3 个高产棉田数据对所建立的模型进行检验。

试验 1 中建立的指数函数模型能准确评估棉花 3 个农学特性（植株地上部总 N 含量、叶面积指数 LAI 和地上部生物量累积量 AGBA），特别是棉花从出苗后到盛花前期。若将棉花出苗后到盛花前期任意时刻的图像进行分割，获取 $G-R$ 值，利用表 5-5 所建立的指数函数动态模型方程式进行模拟计算，就可以得出与之相对应的 3 个农学参数值，然后将模拟值与实际观察值进行检验。

由图 5-2（a、b、c）的 1:1 趋势线图可以发现，其模拟模型精确度较高，能较好地反映棉花群体动态变化。植株地上部总 N 含量、叶面积指数 LAI 和地上部生物量累积量 AGBA 的根均方差 RMSE 分别为 $1.816 g/m^2$、$0.791 m^2/m^2$、$167.492 g/m^2$；决定系数 R^2 分别为 0.903、0.921、0.851。这些数据充分说明，基于冠层特征参数值 $G-R$ 可用于估测棉花群体指标叶面积指数 LAI 和棉花 N 素营养评估，其动态指数函数模型能够准确地反映棉花群体动态变化。

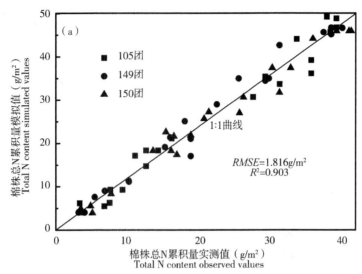

图 5-2a　运用表 5-5 中拟合参数 *G-R* 验证试验中 3 个高产田地上部总含氮量

Fig. 5-2a　Using the fitted parameters （*G-R*） in table 5-5 to predict aboveground total N content in three cotton fields in experiment 2

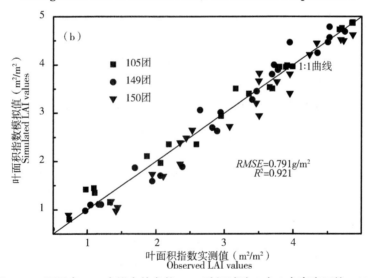

图 5-2b　运用表 5-5 中拟合的参数 *G-R* 验证试验 2 中 3 个高产田的 LAI 值

Fig. 5-2b　Using the fitted parameters （*G-R*） in table 5-5 to predict LAI in three cotton fields in experiment 2

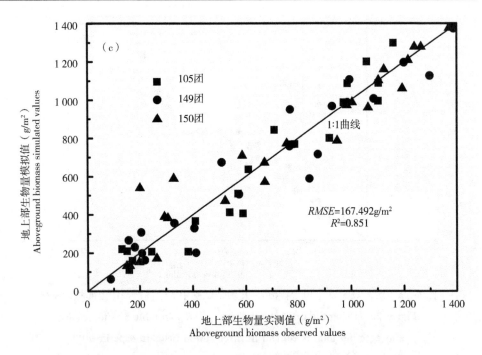

图 5-2c　运用表 5-5 中拟合参数 *G-R* 验证试验 2 中 3 个高产田地上部生物量的值

Fig. 5-2c　Using the fitted parameters（*G-R*）in Table 5-5 to

predict aboveground biomass in three cotton fields in experiment 2

5.2.4　棉花群体图像特征参数 *2g-r-b* 与农学参数间动态关系

5.2.4.1　参数 *2g-r-b* 与农学参数间动态变化规律分析

同 5.2.3.1 研究方法相类似，运用 Origin-Pro v. 8.5 软件，将试验 1 中 2010 年和 2011 年 2 个花品种中获取的群体冠层图像特征参数 *2g-r-b* 值与棉花 3 个农学参数植株地上部总 N 累积量、叶面积指数 LAI 和地上部生物量累积量 *AGBA* 间的数据进行分析拟合，建立基于图像特征参数 *2g-r-b* 值与棉花这 3 个农学属性之间的数学统计模型，得到了能准确表述 *2g-r-b* 值与棉花 3 个农学参数间的指数函数表达式，其表达式为：

$$y = ke^{b \times (G-R)} \tag{5-2}$$

模型表达式（5-2）中：其中，$2g-r-b$ 代表自变量，表示经过数字图像分割后获取的棉花从出苗后到盛花期的冠层图像特征参数值；y 代表因变量，分别表示为棉株地上部总 N 含量、叶面积指数 LAI 和地上部生物量累积量；参数 k 代表曲线函数式的初始值，b 代表曲线函数式的形状参数。

从图 5-3 可以看出，基于 $2g-r-b$ 的图像参数模拟模型曲线动态变化规律，同第 4 部分研究的基于覆盖度 CC 模型参数以及 5.2.3.1 研究的基于 G-R 模型参数在形式是一致的；图 5-3（a，c，e）表明了 2 个不同棉花品种在盛花期之前，即棉花出苗后 90d 左右，冠层覆盖度 CC 到达最大值或封垄之前，$2g-r-b$ 值与棉株地上部总 N 含量、叶面积指数 LAI 和地上部生物量累积量的动态分布；图 5-3b，d，f 中显示为 5 个不同 N 素水平下在盛花期之前，即当棉花出苗后 90d 左右，G-R 值与棉株地上部总 N 含量、叶面积指数 LAI 和地上部生物量累积量的动态分布。2 不同品种 XLZ 43 和 XLZ 48 动态曲线模拟特征参数值见表 5-6，5 个不同的 N 素处理之间的动态曲线模拟特征参数值见表 5-7。

图 5-3（a，c，e）模拟结果与图 5-1（a，c，e）模拟结果相似，在此不再赘述。

表 5-6　试验 1 中 2 个品种棉花图像特征参数 $2g-r-b$ 与 3 个农学参数间指数函数关系

Table 5-6　Exponential equations showing the relationships between $2g-r-b$ value and the three crop properties of two cotton cultivars in experiment 1

作物属性 Crop property	品种 Cultivar	参数 k （mean±SD）	参数 b （mean±SD）	根均方差 RMSE	决定系数 R^2
棉株氮累积量 Aboveground total N content	XLZ 43	0.171±0.056	20.078±1.293	1.741g/m²	0.885
	XLZ 48	0.207±0.069	19.281±1.298	1.755g/m²	0.884
叶面积指数 LAI	XLZ 43	0.169±0.026	11.967±0.624	0.418m²/m²	0.906
	XLZ 48	0.173±0.024	11.911±0.546	0.403m²/m²	0.928
地上部生物量 Aboveground biomass	XLZ 43	7.302±2.207	19.352±1.187	152.504g/m²	0.895
	XLZ 48	7.590±2.121	18.958±1.085	148.966g/m²	0.914

注：** 表示在 0.01 水平上显著相关，** indicates significant difference at $P<0.01$；* 表示在 0.05 水平上显著相关，* indicates significant difference at $P<0.05$

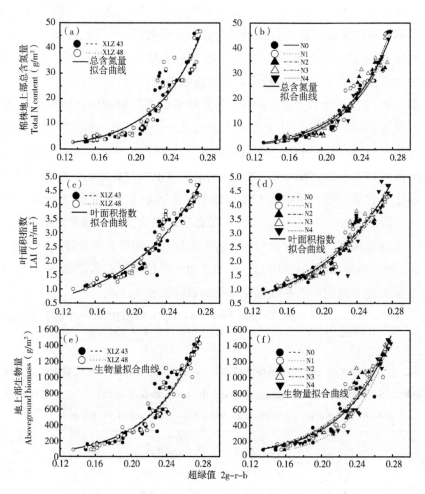

图 5-3　棉花冠层图像特征参数 2g-r-b 与 3 农学参数（地上部总氮含量，

LAI、地上部生态量）间动态关系模型

Fig. 5-3　Models describing the relationship between 2g-r-b value and

aboveground total N content, *LAI*, or aboveground biomass

注：图（a）、（c）和（e）表示品种间拟合曲线，图（b）、（d）、（f）表示不同氮素处理间拟合曲线

Notes: The curves in (a), (c), and (e) were fitted by cotton cultivar: 'XLZ 43' or 'XLZ 48'. The curves in

(b), (d), and (f) were fitted by N rate: 0kg/hm² (N0), 120kg/hm² (N1), 240kg/hm² (N2), 360kg/hm²

(N3), and 480kg/hm² (N4)

由表 5-7 的参数值和图 5-3（b，d，f）可以看出，在 5 个不同的 N 素水平下，图像特征参数值 $2g-r-b$ 与棉株地上部总 N 累积量、叶面积指数 LAI 和地上部生物量间模拟模型在形式上和 CC、$G-R$ 是一致的，各 N 素处理间的参数 k、b 的变化规律也是一致的，即 k 值随着施 N 量的增加而增大，b 值随着施 N 量的增加而减小，对于棉株地上部总氮含量来说，k 值由 0.089 增加到 0.285，b 值由 22.587 减小到 18.011；对于叶面积指数 LAI 来说，k 值由 0.137 增加到 0.214，b 值由 12.771 减小到 11.109；对于地上部生物量 $AGBA$ 来说，k 值由 8.512 增加到 11.766，b 值 24.309 减小到 17.897；这些数据充分证明了在不同氮素条件下，运用 $2g-r-b$ 与棉株地上部总 N 含量、叶面积指数 LAI 和地上部生物量进行指数函数拟合，具有较好的模拟效果。由此可见，图像特征参数值 $2g-r-b$ 同 CC 和 $G-R$ 一样，也能作为棉花生长发育的数字化监测指标。

表 5-7　试验 1 中 5 个 N 素水平下棉花图像特征参数 $2g-r-b$ 与 3 个农学参数间指数函数关系

Table 5-7　Exponential equations showing the relationships between $2g-r-b$ value and the three crop properties of two cotton cultivars grown with five N rates in experiment 1

作物属性 Crop property	氮素水平 N rates	参数值 k (mean±SD)	参数值 b (mean±SD)	根均方差 RMSE	决定系数 R^2
棉株地上部总含氮量 Aboveground total N content	N0	0.089±0.023	22.587±0.971	1.327g/m^2	0.948 **
	N1	0.124±0.063	21.362±1.973	1.463g/m^2	0.917 **
	N2	0.127±0.041	21.043±1.365	1.462g/m^2	0.921 **
	N3	0.215±0.112	18.957±2.108	1.379g/m^2	0.932 **
	N4	0.285±0.146	18.011±2.041	1.143g/m^2	0.984 **
叶面积指数 Leaf area index	N0	0.137±0.047	12.771±1.318	0.463m^2/m^2	0.907 **
	N1	0.148±0.035	12.592±1.039	0.301m^2/m^2	0.940 **
	N2	0.156±0.030	12.317±0.814	0.299m^2/m^2	0.959 **
	N3	0.172±0.028	11.748±0.662	0.469m^2/m^2	0.906 **
	N4	0.214±0.050	11.109±0.994	0.524m^2/m^2	0.881 *

（续表）

作物属性 Crop property	氮素水平 N rates	参数值 k （mean±SD）	参数值 b （mean±SD）	根均方差 RMSE	决定系数 R^2
地上部生物量 Aboveground biomass	N0	8.512±3.192	24.309±1.340	292.465g/m²	0.833*
	N1	9.678±5.189	18.779±1.468	247.527g/m²	0.852*
	N2	10.188±5.487	18.144±2.096	124.957g/m²	0.940**
	N3	10.293±5.507	17.971±2.299	176.092g/m²	0.866*
	N4	11.766±0.633	17.897±2.176	121.019g/m²	0.975**

注：** 表示在 0.01 水平上显著相关，** indicates significant difference at $P<0.01$；* 表示在 0.05 水平上显著相关，* indicates significant difference at $P<0.05$

5.2.4.2 参数 $2g-r-b$ 与农学参数间动态模拟模型的建立

通过指数函数（5-2）动态变化关系图 5-3 的分析描述可知，运用图像分割法获取的棉花冠层图像特征参数 $2g-r-b$ 值能准确地模拟棉花地上部分总含氮量、叶面积指数 LAI 和地上部分生物量。由表 5-6 与表 5-7 中参数 k 和 b 以及根均方差 RMSE 以及决定系数 R^2 的值表明，$2g-r-b$ 值与叶面积指数 LAI 的拟合度最高。因此建立基于冠层图像特征参数 $2g-r-b$ 与棉花 3 个农学属性之间的统计模型，模型关系式见表 5-8。

表 5-8　基于拟合参数 $2g-r-b$ 的值与棉株 3 农学参数间模型方程式

Table 5-5　Fitted parameters and goodness of fit for calibration equations linking

$2g-r-b$ value in experiment 1 with aboveground total N content,

LAI and aboveground biomass

作物属性 Crop property	模型方程式 Model equation	根均方差 RMSE	决定系数 R^2
棉株地上部总含氮量 Aboveground total N content	$y=0.190e^{19.642\times(2g-r-b)}$	1.805g/m²	0.885**
叶面积指数 Leaf area index	$y=0.171e^{11.948\times(2g-r-b)}$	0.381m²/m²	0.919**
地上部生物量 Aboveground biomass	$y=7.619e^{19.057\times(2g-r-b)}$	162.723g/m²	0.902**

注：** 表示在 0.01 水平上显著相关，** indicates significant difference at $P<0.01$

由表 5-8 所建立模型方程式看，对于 LAI 来说，其 $RMSE=0.381m^2/m^2$，

$R^2 = 0.919$；对于棉花地上部分总含氮量来说，其 $RMSE = 1.805g/m^2$，$R^2 = 0.885$；对于棉株地上部生物量来说，其 $RMSE = 162.723g/m^2$，$R^2 = 0.902$。这表明特征参数 $2g-r-b$ 从棉花出苗到盛花期这个生育阶段监测叶面积指数 LAI 的敏感度高于地上部分总 N 累积量和地上部分生物量。由此可见，应用数字图像分割法获得的冠层特征参数值 $2g-r-b$ 同参数 $G-R$ 相类似，可用于准确的估测棉花群体指标叶面积指数 LAI，也可以评估棉花群体冠层特性。

5.2.4.3 参数 $2g-r-b$ 与农学参数间动态模拟模型的检验

试验 1 获得的棉花冠层 $2g-r-b$ 值是用来评估棉花冠层特性，从而建立模型方程式。而试验 2 中获取的数据，是用 3 个不同生态点上高产棉田数据对所建立的模型进行检验。试验 1 建立的指数函数模型能准确评估棉花 3 个农学特性，特别是从棉花出苗后到盛花前期。将棉花出苗后到盛花前期任意时刻的图像进行分割，获取 $2g-r-b$ 值，利用表 5-8 所建立的指数函数动态模型方程式进行计算，就可以计算出与之相对应的 3 个农学参数植株地上部总 N 累积量、叶面积指数 LAI 和地上部生物量累积量 AGBA 值，与实际观察值进行比较检验。由图 5-4 (a、b、c) 1:1 曲线可知，其模拟准确性与精确度高，能较好地反映棉花群体动态变化。植株地上部总 N 含量、叶面积指数 LAI 和地上部生物量累积量 AGBA 的根均方差 RMSE 分别为 $1.903g/m^2$、$0.806m^2/m^2$、$152.196g/m^2$；决定系数 R^2 分别为 0.899、0.917、0.901。这些数据充分说明冠层特征参数 $2g-r-b$ 可用于精确估测棉花群体指标叶面积指数 LAI，其动态指数函数模型能够准确地反映棉花群体动态变化。另外，相比较而言，冠层特征参数 $2g-r-b$ 对棉花 N 素营养的诊断精确度没有 CC 和 $G-R$ 效果佳，但同样也可反映其动态变化，且变化规律一致。

5.2.5 棉花群体图像特征参数 G/R 与农学参数间动态关系

基于颜色特征参数 G/R 与植株地上部总 N 累积量、叶面积指数 LAI 和地上部生物量累积量 AGBA 之间的动态模型变化关系相似于 CC、$G-R$ 和 $2g-r-b$，均满足指数函数通式 $y = ke^{b \times (G-R)}$，这里不再赘述。

由图 5-5 结果表明，棉花冠层图像特征参数 G/R 与植株地上部总 N 累积量

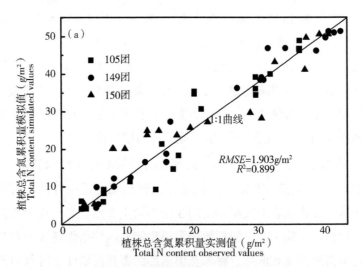

图 5-4a　运用试验 2 中 3 个不同高产田数据检验拟合参数 2*g-r-b* 值预测棉花地上部总含氮量

Fig. 5-4a　Using the fitted parameters 2*g-r-b*

to predict aboveground total N content in three cotton fields in experiment 2

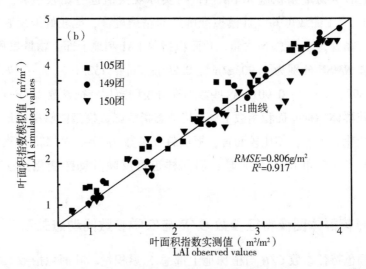

图 5-4b　运用试验 2 中 3 个不同高产棉田数据检验拟合参数 2*g-r-b* 值预测棉花 LAI

Fig. 5-4b　Using the fitted parameters 2*g-r-b*

to predict LAI in three cotton fields in experiment 2

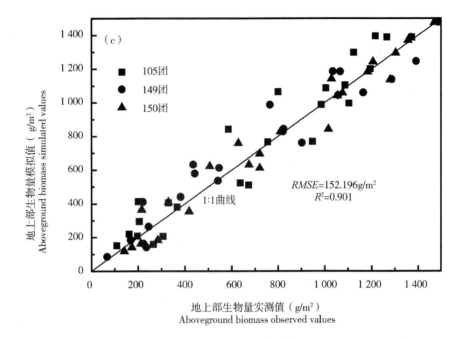

图 5-4c　运用试验 2 中 3 个不同高产棉田数据检验拟合参数 *2g-r-b* 值
预测棉花地上部生物量

Fig. 5-4c　Using the fitted parameters 2g-r-b

to predict aboveground biomas in three cotton fields in experiment 2

模型表达式为：$y = 2.419 \times 10^{-6} e^{11.986 \times (G/R)}$，$RMSE = 1.971 \mathrm{g/m^2}$，$R^2 = 0.874$；与叶面积指数 LAI 间的模型表达式为：$y = 2.425 \times 10^{-4} e^{7.067 \times (G/R)}$，$RMSE = 0.693 \mathrm{m^2/m^2}$，$R^2 = 0.857$；与棉花地上部生物量累积量 AGBA 间的模型表达式为：$y = 1.915 \times 10^{-4} e^{11.382 \times (G/R)}$，$RMSE = 136.279 \mathrm{g/m^2}$，$R^2 = 0.904$。这说明图像特征参数 G/R 相对来说更能准确地反映棉花地上部生物量累积，可作为棉花长势监测的变量指标。

5.3　讨论

构建模型需要解决的首要问题是分析模型参数之间有没有显著相关性。本研

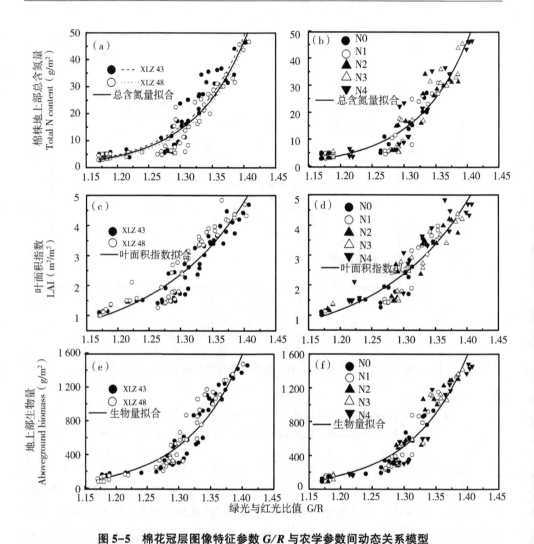

图 5-5　棉花冠层图像特征参数 *G/R* 与农学参数间动态关系模型

Fig. 5-5　Calibration models describing the relationship between *G/R* value and

aboveground total N content, LAI, or aboveground biomass in experiment 1

究应用 SPSS 统计分析软件对 2 年来棉花群体指标与图像参数进行相关性分析。具体分析结果由表 5-2 可以明显地看出，不同氮素处理棉花群体指标与图像特征参数 *CC*、*G-R*、*2g-r-b* 等具有显著的相关性。与国内外一些研究结果相同，如国内大量研究表明作物叶面积指数 LAI、生物量等与颜色参数密切相关性[111,112]。国外 Li 等、Wang 等和 Kyu-Jong Lee 等通过对不同氮素水平下作物冠层图像特征参数 CC、GMR、G/R 等与水稻地上生物量、LAI 以及叶片氮含量或作物总含氮量的相关性进行了分析[118,127,128]，分析结果得出以上图像特征参数与水稻地上生物量、LAI 以及叶片氮含量或作物总含氮量之间有指数回归关系，且相关性达到了显著或极显著的水平[118,127,128]。

不同 N 素营养水平[113,118]、不同密度处理群体结构[111]、不同地域以及不同光温条件等因素影响着棉花的生长发育状况，毫无疑问也影响着棉株冠层的颜色变化。研究结果表明，不同的 N 素营养状况直接影响棉花冠层颜色特征参数。本研究通过建立 $G-R$ 和 $2g-r-b$ 和 G/R 与棉株总氮累积量、LAI、地上部生物量之间动态变化模型，包括第 4 部分建立的 CC 与 3 个农学参数直接的动态模拟模型，能准确表征棉花出苗后到盛花期的长势信息（图 5-1，图 5-3，图 5-5）。且图像分割方法简便易用，可操作性强，因此运用数码相机获得的棉花冠层图像颜色特征信息，进行棉花氮素营养诊断以及施肥推荐具有很高的应用价值，需要我们进一步挖掘，深入研究与探讨。

Li 等（2010）应用数码相机获取不同密度下水稻茎生长阶段（营养生长阶段，即拔节灌浆前期）冠层数字图像，通过图像分割技术获得水稻冠层覆盖度 CC，并建立了水稻茎生长阶段 CC 与地上部 N 吸收量、LAI 和地上部干物质三者之间的布尔型（Boolean-type）非线性函数关系模型，最后通过大量不同生态点上水稻大田数据对该模型进行检验[118]，取得了较好效果与试验结果；Wang 等（2013）等采用同样的方法，运用数码相机获取中国东部不同 N 素水平下水稻营养生长阶段的冠层图像，并通过图像分割法提取其 CC，最后建立 $G-R$、G/R 以及 CC 与水稻地上部 N 吸收量、LAI 和地上部干物质三者之间的指数函数模型[128]，其相关系数大于 0.900，这充分说明基于计算机视觉技术与数字图像分割法获取作物冠层图像颜色参数，能较好地表征作物氮营养状况。以上研究结果表明，虽然不同作物氮素营养指标所反映颜色特征参数不同，但基于计算机视觉技术和应用数字图像分析处理技术进行作物营养诊断的方法具有一定的普遍性。同时在研究过程中值得注意的是采用数字图像进行不同作物营养诊断，必须准确地把握作物所诊断时期，因为不同作物生长的关键生育期不同，其差异性很大。总的来说，应用数码相机获取大田作物冠层图像采样快，精度高，无损耗。因此，基于计算机视觉技术的棉花长势监测与氮素营养状况诊断方法和理论体系具有良好的发展前景，可应用与棉花生长发育过程中的施肥决策与氮肥决策推荐系统。

5.4　小结

本研究探索运用数字图像分割法提取不同特征颜色参数对棉花长势进行监测与营养诊断。采用数码相机获取棉花冠层图像，通过 MATLAB 图像处理软件和 VC++ 计算机语言程序提取棉花图像中不同特征颜色值 $G-R$、$2g-r-b$ 和 G/R 值，得到棉花生长发育进程中潜在变化规律，重点分析并建立了不同 N 素水平下，基于棉花冠层图像颜色特征值 $G-R$ 和 $2g-r-b$ 和 G/R 与棉花群体指标 LAI、地上部生物量、地上部棉花植株总含氮累积量间关系动态变化模型。扩充了计算机视觉技术进行棉花长势监测的应用，增加了棉花长势监测中用不同特征颜色参数变量作为监测指标。

6 基于辐热积的棉花地上生物量累积模型

　　作物生长发育进程与生物量累积是一个复杂而多变的过程[145,146]，是作物群体光截获量和光能利用率的重要影响因素之一[145]，是基于计算机视觉等现代数字化农业研究较为重视的问题。生物量累积模型是作物生长模拟的重要组成部分，精准的生物量累积模型能提供作物生长发育阶段所描述的重要因子[146,147]。如通过作物生长模拟模型预言试验过程中将会遇到的困难，也能帮助人们进一步进行数字化信息决策分析。

　　许多学者通过数学模型对作物生物量累积动态进行了定量模拟分析。其准确的预测与精准分析有利于对作物生长信息跟踪调查和群体质量评估。并通过模型预测结果及时采取有效调控措施，对作物的生长过程进行人工干预，有利于构建合理株型结构，提高群体光能利用率和光合作用的最终产物。因此，作物生物量累积动态模拟是农业生产信息化和数字图像应用技术研究的基础。

　　建立作物生物量累积模型的方法有好多种。前人研究大多数是基于分段函数模型，将作物生物量累积过程分为几个阶段，用多个线性模型来描述作物的生物量累积[146]。然而，分段函数模型不能连续的描述作物生物量累积过程，只有非线性函数能描述作物连续生长发育过程。非线性函数模型通常描述作物生物量累积是一个"S"形曲线，如：Logistic，Weibull 和 Gompertz 等，非线性作物生物量累积模型已经应用于许多种作物，主要包括玉米[146,148]、高粱[149]、大豆[150]、水稻[151]、小麦[152]和红花[153]等。许多光合作用驱动下的作物生物量累积动态模型研究中[154]，一般采用积温法 GDD（Growing degree days）和比叶面积法 SLA（Specific leaf area）[146,155-157]，然而这 2 种方法都没有综合考虑光照和温度指标[158]对作物生物量累积过程的影响。若是量化作物生长过程与温光间的关系，变量辐热积法[81,82,158]更能反映作物地上生物量累积动态。构建基于辐热积的作物地上生物量累积模型，可为大田作物生产提供理论依据和决策支持。

　　棉花各生育时期生物量高低直接影响其营养生长和生殖生长[156,157,159,160]，其累积速率随生育进程而发生变化，各生育期生物量所占比例也不同，协调好棉花生物量累积过程是获得高产的前提，而生物量累积量是以氮素吸收为基础[156,157]。棉花生物量累积动态变化对氮素反应较敏感[159,160]。在数字化农业发展的今天，合理的氮肥运筹对提高棉花生物量累积量和增加经济产量尤为重要。据此本研究利用不同品种和不同氮素处理的田间试验，借鉴"归一化"方法，以生态变量辐热积为自变量，建立了棉花相对地上生物量累积量与相对辐热积间定量关系模型，并对该模型进行检验，利用导出的特征参数定量分析了棉花地上生物量累积动态特征，为棉花群体地上生物量累积量及产量形成定量模拟提供一种简洁方法，为棉花现代化长势监测提供了一种新的思路。

6.1　材料与方法

6.1.1　试验材料

　　本部分研究选取的试验地和材料部分，同 2.2。

6.1.2　试验测试项目与方法

　　生物量的测量，同 2.3.1.2。
　　气象数据收集和辐热积的计算和 2.3.6。

6.1.3　建模数据归一化处理

　　采用归一化方法处理得到棉花出苗到吐絮成熟后相对地上部生物量累积量和

相对辐热积，其计算式为：

$$RAGBA_i = AGBA_i / AGBA_{max} \tag{6-1}$$

$$RTEP_i = TEP_i / TEP_{max} \tag{6-2}$$

式中 $RAGBA_i$ 为相对生物量累积量，$AGBA_i$ 为不同生育期的地上部生物量累积量（t/hm²），$AGBA_{max}$ 为收获时的生物量累积量（t/hm²），$RTEP_i$ 为相对辐热积，TEP_i 为不同生育期的累积辐热积（mol/m²），TEP_{max} 为收获时的累积辐热积（mol/m²），其中 $RAGBA_i \in [0, 1]$，$RTEP_i \in [0, 1]$。

6.1.4 数据分析与模型检验

见第 2 部分，同 2.4。

6.2 结果与分析

6.2.1 棉花地上部生物量累积动态

由图 6-1 可以看出，随着辐热积累积量的增加，2 个品种 XLZ-43 和 XLZ-48 的 5 个 N 素水平地上部生物量累积呈"S"形变化之势；但生物量累积要伴随着大量营养物质的吸收，不同 N 素处理间 $AGBA$ 存在着明显差异，在 TEP_{max} 相同的条件下，随着施 N 量的增加，生物量累积呈上升趋势。即高 N 处理在各生育期 $AGBA$ 相对较高，低 N 处理 $AGBA$ 相对较低，N0 处理生物量累积量最小。但从 2010—2011 年 2 年试验数据分析表明，当 TEP 增加到 1 720mol/m² 时，N3 处理累积的生物量超过 N4 处理，主要是由于 N4 处理前期氮代谢过旺，棉花徒长，生物量累积增加速度较快，而到生殖生长阶段，由于过量施 N，则影响棉铃库强度，棉铃重下降，从而导致生物量累积速率下降；N0 处理未施 N 肥，棉花营养不足，生物量累积速率较慢，生物量累积量一直处于较低状态。这些研究结果表明合理施 N 肥是加快生物量累积速率提高棉花产量的关键。

6.2.2 *RTEP* 与 *RAGBA* 的动态变化关系

试验 1 中，获取 2 个品种 5 个 N 素水平棉花从出苗到吐絮期地上部生物量累

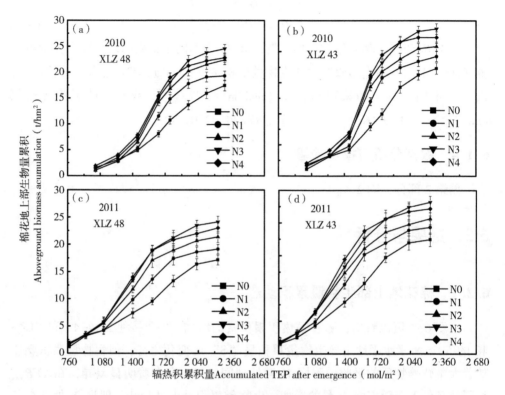

图 6-1　棉花地上部生物量累积量随出苗后辐热积（TEP）的变化

Fig. 6-1　Changes in accumulated aboveground biomass of cotton with accumulated TEP

积 *AGBA* 与辐热积 *TEP*，并进行归一化处理得到 *RAGBA* 和 *RTEP*，建立 *RAGBA* 与 *RTEP* 间的动态关系，得到 8 个精确度相对较高的函数模型（表 6-1），其相关系数 *r*>0.894，标准差 *SD*<0.05。并对这 8 个函数模型取特殊值 0，1 和极大值进行排除，选择最优适合棉花生物量累积动态模型。通过筛选，得到棉花最佳生物量累积模型通式如下：

$$y = a/ (1 + e^{b-cx})^{1/d} \qquad (6-3)$$

其中：*y* 为相对生物量累积 *RAGBA*，*x* 为相对辐热积 *RTEP*，参数 *a* 为最大相对生物量累积量，*b* 为相对生物量累积初始值，*c* 为相对生物量增长率参数，*d* 为形状参数。当 $x = RTEP = 0$ 时，$y = RAGBA = a/(1+e^b)^{\frac{1}{d}}$，即出苗时 $RAGBA$ 值为 $a/(1+e^b)^{\frac{1}{d}}$；当 $x = RTEP = 1$ 时，$y = RAGBA = a/(1+e^{b-c})^{\frac{1}{d}}$，即棉花成熟时 $RAGBA$ 值为 $a/(1+e^{b-c})^{\frac{1}{d}}$。

表 6-1 棉花相对生物量累积动态模型

Table 6-1 Dynamic models of relative aboveground biomass accumulation in cotton

模拟模型 Model	拟合方程 Fitted equation	参数值 Parameter				相关系数 r	标准差 SD	因变量 y value		
		a	b	c	d			$x\to\infty$	$x=0$	$x=1$
Richards	$y=a/(1+e^{b-cx})^{1/d}$	1.024	6.645	10.115	1.417	0.983**	0.042	a	0.009	1.002
Logistic	$y=a/(1+be^{-cx})$	1.043	182.489	8.575	—	0.981**	0.046	a	0.005	1.008
Gompterz	$y=a(e^{-e})^{b-cx}$	1.195	3.309	5.093	—	0.974**	0.049	a	0	1.049
Weibull	$y=a-b(e^{-cx})^d$	0.974	0.882	8.210	5.837	0.953**	0.047	a−b	0.009	0.973
MMF	$y=(ab+cx^d)/(b+cx^d)$	0.112	0.033	1.026	8.258	0.941**	0.042	c	0.011	0.994
Growth 生长	$y=a(b-e^{-cx})$	7.149	0.915	0.270	—	0.917**	0.046	a×b	0.054	1.079
Polynomial 多项式	$y=a+bx+cx^2+dx^3$	1.725	−10.149	19.096	−9.713	0.901**	0.043	∞	1.382	0.958
Rational 有理函数	$y=(a+bx)/(1+cx+dx^2)$	−0.041	0.218	−2.036	1.223	0.894**	0.048	0	0.002	0.948

6.2.3 Richards 最优模型参数分析

用 Richards 模型对试验 1 中 5 个 N 素水平下棉花 $RAGBA$ 与 $RTEP$ 动态变化关系分别进行拟合，结果表明，相关系数 $r>0.9923$，各模型中参数 a 均趋近于 1（表 6-2），说明应用归一化数据处理方法可减少模拟误差，能够较好地模拟棉花相对地上部生物量累积动态变化；参数 b 和 c 变异幅度较大，充分反映不同 N 素水平棉花相对地上部生物量累积增长速率不同；形状参数 d 在 N0 处理下变异幅度较大，其余施 N 处理变异性相对不明显（表 6-2），进一步说明形状参数 d 值是由品种的遗传特性决定，不同 N 素处理影响不大，N0 处理中参数 d 变异幅度大是棉花营养不足所致。

因此，将 2 年归一化数据进行拟合（图 6-2），其 Richards 模型方程式为：

$$RDMA = \frac{1.024}{\left(1+e^{6.646-10.115RTEP}\right)^{\frac{1}{1.417}}}$$ 　　　　　(6-4)

表6-2　不同 N 素水平相对地上生物量累积动态最优模型参数

Table 6-2　Parameters of the optimal model forrelative aboveground biomass accumulation of cotton grown with different N rates

年份 Years	品种 Varieties	氮素水平 Nitrogen level	参数 Parameter				相关系数 r	标准差 SD
			a	b	c	d		
2010	XLZ 48	N0	1.010 05	11.983 6	14.468 0	3.764 0	0.999 7 **	0.009 9
		N1	1.000 01	6.695 7	9.750 2	1.790 2	0.998 3 **	0.026 0
		N2	0.999 48	7.941 7	12.501 8	1.934 7	0.999 2 **	0.019 4
		N3	0.999 73	3.677 0	7.208 2	0.774 2	0.998 7 **	0.022 4
		N4	1.000 67	3.735 0	7.607 9	0.722 9	0.998 5 *	0.020 8
	XLZ 43	N0	1.000 58	13.394	16.048 7	3.094 8	0.994 2 **	0.014 7
		N1	0.993 84	2.205 1	5.589 3	0.392 8	0.992 3 **	0.017 7
		N2	0.995 36	1.916 0	5.669 4	0.343 9	0.998 5 **	0.022 7
		N3	1.000 02	4.108 9	7.855 1	0.840 2	0.998 8 **	0.022 2
		N4	0.999 83	4.038 2	8.076 0	0.768 9	0.998 4 **	0.026 3
2012	XLZ 48	N0	0.999 92	8.934 3	11.510 6	3.740 0	0.999 7 **	0.010 9
		N1	1.000 92	19.397 5	26.250 9	1.185 6	0.998 3 **	0.030 0
		N2	1.000 08	11.326 2	16.505 8	1.508 5	0.999 2 **	0.020 3
		N3	1.000 03	11.755 8	17.074 0	1.572 3	0.998 5 **	0.027 9
		N4	0.999 87	10.529 3	15.230 5	1.539 8	0.996 3 **	0.042 05
	XLZ 43	N0	1.000 17	11.710 2	14.719 4	3.259 6	0.996 5 **	0.037 9
		N1	1.000 42	21.980 6	29.975 5	1.975 3	0.996 7 **	0.041 7
		N2	1.000 33	12.844 6	18.353 3	1.799 4	0.998 9 **	0.024 3
		N3	1.000 98	13.804 4	19.845 7	1.838 0	0.997 8 **	0.034 9
		N4	0.999 52	12.384 7	17.723 7	1.949 4	0.996 7 **	0.040 8

6.2.4　地上部生物量累积最优模型检验

利用试验实际观测数据对所建立的棉花地上生物量累积动态模型进行检验，

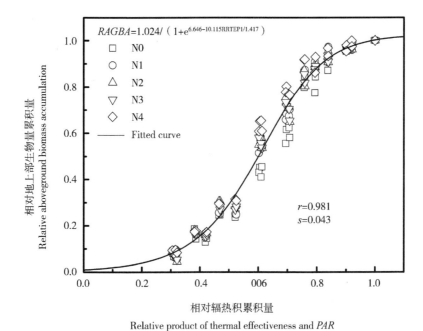

$$RAGBA=1.024/（1+e^{6.646-10.115RRTEP1/1.417}）$$

图中标注：
- □ N0
- ○ N1
- △ N2
- ▽ N3
- ◇ N4
- —— Fitted curve

$r=0.981$
$s=0.043$

纵轴：相对地上部生物量累积量 / Relative aboveground biomass accumulation

横轴：相对辐热积累积量 / Relative product of thermal effectiveness and *PAR*

图 6-2 棉花相对地上生物量累积与相对辐热积 Richards 模型

Fig. 6-2 Richards model of the relative aboveground biomass accumulation（*RAGBA*）and the relative product of thermal effectiveness and photosynthetically active radiation（*RTEP*）

将任意时刻的 *RTEP* 代入模型方程式（4），就可以求出与之相对应的 *RAGBA* 值，*RAGBA* 与棉花收获时的 $AGBA_{max}$ 相乘即可模拟出该时刻的地上部生物累积值 AGBA。由图 6-3 可以看出，3 个不同生态点模拟值与实际观测一致性较好，在棉花整个生长周期内，该模型回归估计标准误差 RMSE 为 0.659 3t/hm^2，相对误差 RE 为 5.337%，一致性系数 COC 为 0.998 8，决定系数 R^2 为 0.996 1。

6.2.5 地上部生物量累积过程阶段划分

Richards 模型是描述棉花地上部生物量累积随 *TEP* 的增加而增加，且逐渐达最大，通过归一化后 Richards 方程则反映 *RAGBA* 随 *RTEP* 的增加而递增，且向

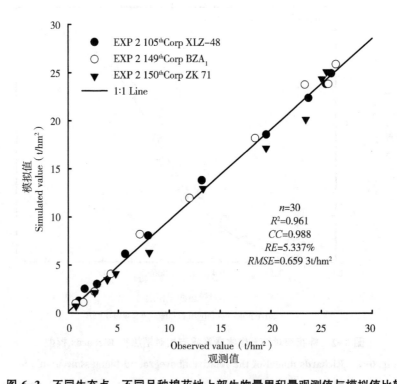

图 6-3　不同生态点、不同品种棉花地上部生物量累积量观测值与模拟值比较

Fig. 6-3　Comparison between the simulated and observed values for the
accumulation of aboveground cotton biomass. The data were for three
sites, each with a different cotton cultivar

最大值"1"渐进的曲线，其动态曲线呈明显的 3 个阶段增长趋势。对式（6-3）求一阶导数，可得到棉花地上生物量累积变化速率 *AR*（Accumulated rate）方程，用式（6-5）表示：

$$\mathrm{d}y/\mathrm{d}x = a \times c \times \mathrm{e}^{(b-cx)} / [\,\mathrm{d}(1 + \mathrm{e}^{(b-cx)\,(d+1)/d})\,] \tag{6-5}$$

对式（6-3）求二阶导数，并令其为 0，可得到 2 个拐点处的 *RTEP* 值 $RTEP_1$ 和 $RTEP_2$：

$$RTEP_1 = x_1 = -\ln\left(\frac{d^2 + 3d + d\sqrt{d^2 + 6d + 5}}{2\mathrm{e}^b}\right)/c \tag{6-6}$$

$$RTEP_2 = x_2 = -\ln\left(\frac{d^2 + 3d - d\sqrt{d^2 + 6d + 5}}{2e^b}\right)/c \qquad (6\text{-}7)$$

将棉花 *RAGBA* 模型方程式（6-4）中的参数 *a*、*b*、*c* 和 *d* 代入式（6-6）~ 式（6-7），得 $RTEP_1 = 0.3805$、$RTEP_2 = 0.7196$，因此，可将棉花的 *AGBA* 过程划分为 3 个阶段。对应的 *RTEP* 范围为：前期 0~0.381；中期 0.381~0.7196；后期 0.7196~1.00。

作物生长达到生理成熟的 95% 时可认为完成其整个生育期[161]，因此，棉花的 *AGBA* 达到其总量 95% 时即可认为地上生物量终止累积，对应的 $RTEP_3$ 用（6-8）式表示：

$$RTEP_3 = x_3 = -\ln\left[\frac{(100 \times a/95)\,d - 1}{e^b}\right]/c \qquad (6\text{-}8)$$

将参数 *a*、*b*、*c* 和 *d* 代入（6-8）式，得 $RTEP_3 = 0.9103$。由此可见，棉花地上生物量累积过程的第 3 个阶段可划分为 0.7196~0.9103。

6.2.6　模型特征参数的应用

通过对棉花相对地上生物量累积动态模型的分析，可推导出棉花整个生育期内 *AGBA* 的相对平均生长速率、地上最大生物量累积速率等特征参数。因此，对通式（6-3）进行积分得到棉花整个生育期生物量累积相对平均生长速率 RG_{ave}；对式（6-3）求二阶导数，并令其为 0，得到生物量累积最大速率出现时的 *RTEP*，将该值代入式（6-3）的一阶导数方程，得到生物量最大累积速率；将生物量最大累积速率出现时的 *RTEP* 代入式（6-3），得到生物量最大累积速率出现时的 *RAGBA*。各特征参数的算式如下：

$$RG_{ave} = \frac{1}{a}\int_0^a \frac{dy}{dx}dx = \frac{a \times c}{2(d+2)} \qquad (6\text{-}9)$$

$$ARTEP = (b - \ln d)/c \qquad (6\text{-}10)$$

$$AR_{max} = \frac{a \times c}{(1+d)^{(d+1)/d}} \qquad (6\text{-}11)$$

$$ARAGBA = \frac{a}{(1+d)^{1/d}} \qquad (6\text{-}12)$$

式中：RG_{ave}（Relative average growth rate of dry matter accumulation）为棉花地上生物量累积相对平均生长速率；$ARTEP$ 为生物量最大累积速率出现时的相对辐热积；AR_{max} 为生物量最大累积速率，$ARAGBA$ 为生物量最大累积速率出现时的相对生物量累积量。将棉花相对生物量累积模型方程式（6-4）中的参数 a、b、c 和 d 代入式（6-9）~式（6-12），得到 $RG_{ave} = 1.516$；$ARTEP = 0.622$；$AR_{max} = 2.299$；$ARAGBA = 0.549$。由此可知，当棉花地上生物量最大累积速率出现时的相对辐热积为 0.622，此时生物量累积已接近总地上生物量的 60%。

6.3　讨论

研究结果表明，以 $RTEP$ 为自变量的棉花生物量累积非线性函数"S"形模式能作为最优的解释（图 6-2）。为了能准确地筛选出棉花 $RAGBA$ 动态变化最优模型，分别对表 6-1 所述的 8 个模型的 $RTEP$ 取特殊值 0，1 和无穷大值，当 $RTEP$ 为无穷大时，这 8 个模型结果表明，Weibull、MMF、Growth、Polynomial、Rational function 5 个模型中 $RAGBA$ 值不等于 a，无法解释棉花相对地上部生物量累积量接近"1"的变化过程；对其余 3 个模型分别求 $RTEP$ 为 0 与 1 时的 $RAGBA$ 值，结果表明，当 $RTEP = 0$ 时，Gompterz 的 $RAGBA$ 值为 0，不符合棉花生物量累积过程和作物生长的生物学意义；那么能合理解释棉花 $RAGBA$ 动态变化过程的模型只有 Richards 模型和 Logistic 模型，然而 Logistic 模型已经分别应用于描述棉花生物量累积和其他农作物的生物量累积模型[152,156,157,161-164]，然而 Logistic 方程是有限的，其曲线比较对称，作物的生物量累积并没有很平稳对称的生长[163]。因为 Logistic 方程是 Richards 方程的特殊形式，即当 $d = 1$ 时 Richards 模型可转化为 Logistic 模型（表 6-1）。故 Richards 模型可作为棉花 $RAGBA$ 动态最优模型，其相关系数为 0.983，因此，该模型对于探索棉花生物量累积过程和建立生物量累积评估模式具有重要作用。另外，该模型机理性与解释性强，其特征参数少，灵活易用，可对实现作物最大生物量累积调控。

本研究采用"归一化"方法对棉花不同生育阶段实测 *AGBA* 和 *TEP* 进行了归一化处理，进而对 *AGBA* 和 *TEP* 关系模型进行优化，建立了精度较高的符合棉花 *AGBA* 动态变化特征的归一化模型，缩小了数据范围，减小了试验过程中出现的误差，降低了因模拟方法不同而引起的变化，消除了由于数据计量单位不能统一或单位换算等造成的差异。

本研究通过对 Richards 模型一阶求导和二阶求导，从而获得了 2 拐点 3 阶段，即在 $RTEP_1 \sim RTEP_2$ 之间，*AGBA* 随 *TEP* 变化速度较快，基本呈线性关系，该时段 *TEP* 达总累积量的 50%，而 *AGBA* 达总累积量的 60%，这说明该时段正处于棉花生物量累积的最快时期。因此，张旺锋等学者把棉花地上生物量累积的 2 拐点之间的区域称为生物量累积的"关键时期"或"敏感反应期"。该时间段正是棉花利用水肥管理提高生物量和控制产量形成的重要时期。同时本研究通过求解模型中的相关特征参数，棉花 AR_{max}、*ARTEP*、*ARAGBA* 和 RG_{ave} 可对棉花地上生物量累积动态变化特征进行定量分析。

6.4　小结

数字图像获取棉花长势监测信息是获得作物表象信息，而实质性的问题不单单是 N 素营养，还有棉花受太阳辐射、温度等影响，其群体冠层颜色特征发生了变化。本研究重点探讨了以辐热积为自变量的棉花地上部生物量累积模拟模型，模拟筛选出 8 个相对比较精确的"S"形模拟曲线函数表达式，最后通过求极限值等方法排除筛选，最后筛选出 Richards 模型可作为棉花地上部生物量累积动态的最优模型。该模型可作为棉花长势监测与 N 素需求量分析，从而最大限度地提高棉花产量和质量。本章研究结果基于光、温双因子展开研究，对于棉花整个生育期内 *TEP* 的定量计算具有重要意义，为进一步应用计算机视觉技术和数字图像颜色特征分析技术进行棉花冠层的空间分布研究提供理论依据。

7　基于辐热积的棉花叶面积指数动态模拟模型

作物生长模拟模型是对作物的生长发育、光合生产、器官建成和产量形成等过程的定量化描述[165]，并对环境和高产栽培技术体系的动态概括[165]，是揭示作物生长发育规律，辅助作物生产环境优化与调控和实现作物栽培管理优化与标准化管理的有力保障[165]。建立作物生长数学模型，应用数字化信息技术进行定量化的分析和模拟研究，是获取作物生长发育状况的重要手段。

叶片是作物光合作用、蒸腾作用和有机物质合成的主要器官，其面积的大小决定着作物吸收太阳辐射能进行光合作用的强度。LAI是决定冠层光合作用速率计算准确的重要参数之一，是反映作物群体质量的重要指标[166]，直接影响作物对光能的截获[167]，进而影响光合产物的形成[168,169]。在作物栽培中，常用叶面积指数来衡量作物群体的生长状况，并以此作为确定栽培措施的参考指标。理想的LAI是培养作物高产合理群体结构的基础[170]，作物生长发育过程中，LAI动态变化模型是作物产量形成和高产调控指标的重要工具[171]。已有的作物LAI动态变化模型中，普通利用 Logistic、Richards 和 Rational Function 模型[166,169,171,172-175]等，分别在玉米、水稻等多种粮食作物上建立了LAI动态变化规律[2,169,171,175]，能较准确地描述和定量解释特定条件下相应作物LAI变化规律，且上述作物LAI模型模拟效果较好，各具特色，有一定的应用价值，但这些模型常采用作物生长发育天数[169,171]和有效积温[166,175]等为自变量建立模型，并未综合运用温光互作的光温指标辐热积 *TEP* 来预测作物叶面积的动态变化。研究表明，作物叶片伸展和LAI变化均受热量和辐射2个因子的显著影响[176]，因此，建立辐热积与 LAI 直接的动态模型，为掌握作物群体发育动态提供理论依据和决策支持。

在新疆，充足的温光条件是棉花高产的必要条件，基于棉花生长发育的源库关系，LAI 动态模拟对于定量分析棉花整个生长过程至关重要[170,176,177]。为进一步探讨温度和辐射对棉花 LAI 的影响，借鉴其他作物 LAI 动态模拟模型的优点，本研究采用辐热积法[178,179]建立棉花 LAI 模拟模型，量化棉花生长与温光互作因子间的关系，阐明不同 N 素处理对棉花叶片温光特性的调控效应，并证明平均叶面积指数（Mean Leaf Area Index，*MLAI*）以及最大叶面积指数（The Maximum of LAI，LAI_{max}）等特征参数对棉花群体发育及产量形成的重要性，明确了适宜的 LAI 是棉花产量形成的保障[180]，对于丰富棉花信息化栽培理论，指导新疆棉花精确栽培和培育高产品种，具有一定的意义，为基于计算机视觉技术的棉花长势监测进一步应用研究做铺垫。

7.1　材料与方法

7.1.1　小区试验设计

试验 1 于 2010—2011 年在石河子国家农业高新示范园区（44°26.5′N，86°01′E）进行。供试品种新陆早 43（XLZ-43）和石杂 2 号（SZ-2）。播前施 P_2O_5 150kg/hm² 和 K_2O 75kg/hm² 作为基肥一次性施入，2010 年 4 月 20 日播种，4 月 30 日灌出苗水；2011 年 4 月 16 日播种，4 月 21 日灌出苗水，留苗密度均为 26 万株/hm² 左右；采用膜下滴灌。小区面积 20m×3.3m，株行距配置为（10cm+66cm+10cm）×10cm 适宜机采的种植模式。设置 4 个 N 素处理，即：N0（0kg/hm²，对照）、N1（150kg/hm²）、N2（300kg/hm²）、N3（450kg/hm²），完全随机排列，重复 3 次，各 N 处理作为追肥随水施入，各小区间用防渗带隔开，独立滴灌，全生育期灌水 11 次，总滴灌量 5 400m³/hm²，其他管理措施同当地高产棉田模式。本试验数据由该课题组硕士毕业生吴艳琴女士提供。试验 2 于 2012 年在石河子大学试验站进行，具体设计方案同 2.2.1，见第 2 部分试验 1，试验 1

是本文研究核心试验第 3 年试验过程。

试验 3 同 2.2.3，见第 2 部分试验 2 高产田试验。

本研究利用试验 1 的数据建立模型，利用试验 2 和试验 3 的数据对模型进行检验。各试验地土壤质地为壤质灰漠土，土壤地力中等。各试验地土壤营养状况见表 7-1。

表 7-1 各试验地土壤养分状况

Table 7-1 Selected soil nutrient at the experimental fields

项目 Item	试验地点 Location	年份 Year	有机质 Organic matter（mg/kg）	速效氮 Available N（mg/kg）	速效磷 AvailableP（mg/kg）
试验 1 Experiment 1	示范园区 Demonstration zone	2010	29.63±1.02	37.91±1.07	19.83±3.24
		2011	25.46±0.82	39.72±1.32	21.16±3.20
试验 2 Experiment 2	试验站 Test station	2012	16.29±0.97	42.35±1.49	35.80±1.26
试验 3 Experiment 3	105 团 105th Corp	2012	26.35±1.04	38.72±1.13	22.13±2.05
	149 团 149th Corp		16.62±1.33	42.75±1.45	20.98±2.40
	150 团 150th Corp		15.27±1.21	44.68±1.16	19.67±2.19

项目 Item	试验地点 Location	年份 Year	速效钾 AvailableK（mg/kg）	容重 Bulk density（g/cm³）	pH 值 pH Value
试验 1 Experiment 1	示范园区 Demonstration zone	2010	518.25±50.31	1.28±0.12	7.6±0.19
		2011	533.01±42.58	1.28±0.12	7.8±0.27
试验 2 Experiment 2	试验站 Test station	2012	219.02±34.25	1.22±0.09	7.1±0.21
试验 3 Experiment 3	105 团 105th Corp	2012	313.42±41.22	1.27±0.11	7.7±0.19
	149 团 149th Corp		232.54±14.20	1.30±0.07	7.5±0.14
	150 团 150th Corp		219.42±32.44	1.34±0.13	7.5±0.24

7.1.2 测试项目与方法

LAI、辐热积 TEP 等测量见第 2 部分，同 2.3.1 和 2.3.6。

7.1.3 数据归一化处理

对 LAI 和 TEP 均采用归一化方法[166,169,171]处理，得到从出苗到吐絮期相对叶面积指数和相对辐热积，其计算式为：

$$RLAI_i = LAI_i / LAI_{max} \qquad (7-1)$$

$$RTEP_i = TEP_i / TEP_{max} \qquad (7-2)$$

式中：$RLAI_i$ 为棉花不同生育时期相对叶面积指数，LAI_i 为棉花不同生育时期的叶面积指数；LAI_{max} 为棉花盛花期至盛铃期出现的最大叶面积指数；$RTEP_i$ 为相对辐热积；TEP_i 为不同生育时期的累积辐热积；TEP_{max} 为棉花整个生育期内累积辐热积；其中：$RLAI_i \in [0, 1]$，$RTEP_i \in [0, 1]$。

7.1.4 数据分析与模型检验

见第 2 部分，同 2.4。

7.2 结果与分析

7.2.1 棉花 LAI 动态变化特征分析

LAI 动态曲线（图 7-1）表明，N 素显著的影响棉花的生长发育，2 年测定 LAI 变化结果遵循一个普遍规律，在整个生育期内随辐热积累积量的增大各 N 素处理均呈单峰曲线变化，即前期增长平稳缓慢、中期增长相对快速、后期缓慢下降的偏峰曲线，且各施 N 量随着施氮量的增加 LAI 呈逐渐增加趋势。试验结果还表明，N0 处理由于氮肥不足，LAI 一直处于相对低值，在很大程度上影响了光合产物的累积；N4 处理，由于氮素充足，在生长前期 LAI 一直处于各 N 水平的最高值，但由于氮素施用量偏高，导致该处理营养生长期偏长，光合产物传输受到一定影响；另外，2 个品种在不同 N 素处理下的最大叶面积指数（LAI_{max}）及其到达时间不同，基本上在出苗后 86～113d 左右，即盛花期至盛铃期。这段时间辐热积达到 1 464～1 926mol/m^2，施 N 量较低相对 LAI_{max} 出现时间较早，施 N 量较高 LAI_{max} 出现时间滞后，但并不一定是施 N 量越大叶面积指数的峰值就越靠后。

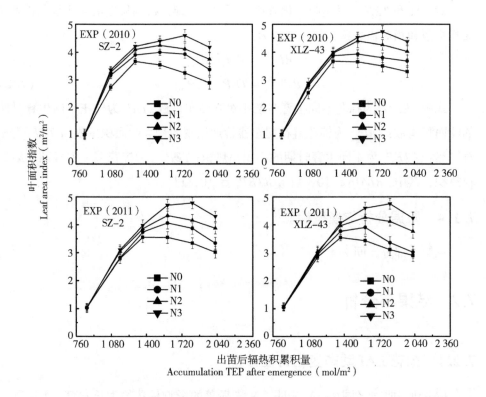

图 7-1　2010—2011 年不同施 N 素水平下 *LAI* 随出苗后辐热积（*TEP*）的变化

Fig. 7-1　Changes of LAI with accumulated *TEP* after emergence for two cotton cultivars with different N rates in 2010−2011

注：Exp（2010）：2010 年试验 1，Experiment in 2010；Exp（2011）：2011 年试验 1，Experiment in 2011；SZ-2：品种石杂 2 号，Shi za 2 variety；XLZ-43：品种新陆早 43 号，Xin lu zao 43 variety；N0～N450：施氮水平，Nitrogen levels

将棉花 LAI_{max} 和出苗后辐热积 TEP_{max} 分别作为 1，对数据进行归一化处理（图 7-2），得到各 N 素处理归一后相对叶面积指数（$RLAI$）与相对辐热积（$RTEP$），利用归一化数据将 TEP 和 LAI 范围变化幅度缩小为 0~1 之间，且均为无量纲数值，不受单位转换等的限制，简化单位计算过程，方便模拟，且能快捷地模拟棉花 LAI 动态。

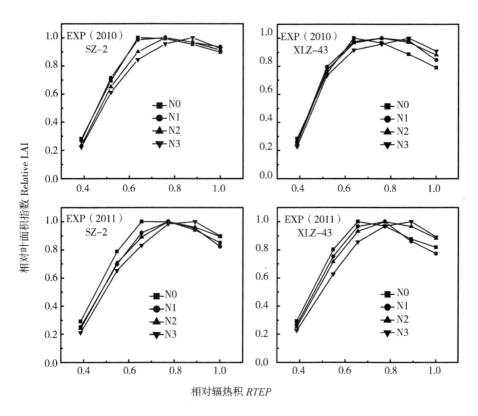

图 7-2　不同施 N 水平棉花群体相对 LAI 随出苗后相对 *TEP* 的变化

Fig. 7-2　Changes of relative LAI in different N rates of cotton with the relative *TEP* after emergence

7.2.2　棉花相对叶面积指数动态优化

将 2010 年和 2011 年试验中棉花 LAI 归一化处理数据利用 Curve Expert1.4 软

件进行模拟，建立基于相对叶面积指数（*RLAI*）与相对辐热积（*RTEP*）统计模型，得到了包括有理方程、余弦函数、二次函数、Richards 和 Logistic 等模拟效果较好的前 5 个模型（表 7-2）。利用求极限值[168,171]分析筛选方法，即：当 $x \to \infty$ 时，$y \to 0$；结果表明，模型 7-2、7-3、7-6 和 7-7 中 *RTEP* 值均不能合理解释棉花 *RLAI* 动态变化过程；而其余的 3 个模型方程式（7-1）、式（7-4）和式（7-5）中，当 x=*RTEP*=0 时，模型 7-4 和 7-5 的 *RLAI* 不存在；

在模型 1 中，当 $x=0$ 时，$y=a$，即 a 值为棉花播种时 *RLAI* 值；当 $x=1$ 时，$y=(a+b)/(1+c+d)$，$(a+b)/(1+c+d)$ 即为棉花吐絮时 *RLAI* 值，且方程仅有一个峰值。因此，选择有理方程作为棉花相对化 LAI 的动态模拟最优化方程，其模型曲线如图 7-3 所示。对应的模型曲线通式为：

$$y = (-0.029\,7 + 0.446\,5x)/(1 - 2.198\,3x + 1.697\,8x^2) \qquad (7-3)$$

其中：y 为 *RLAI*，x 为 *RTEP*。通过该方程，利用全生育期的最大累积 TEP_{max} 和最大 LAI_{max} 可较好还原出任意相对辐热积对应的相对 LAI，及时掌握 LAI 的动态变化情况。

表 7-2　棉花相对叶面积指数拟合模型

Table 7-2　The normalized relative LAI fitted models of cotton

模拟编号	模拟方程 Simulated equation	参数 Parameter				相关系数 r	标准差 SD	Y 值 y value		
		a	b	c	d			$X \to \infty$	x=0	x=1
7-1	$y=(a+bx)/(1+cx+dx^2)$	-0.029 7	0.446 5	-2.198 3	1.697 8	0.945 9**	0.035 4	0	a	0.864 5
7-2	$y=a+b\cos(cx+d)$	0.478 5	0.511 8	4.160 6	2.887 9	0.929 0**	0.047 1	∞	-0.016 9	0.847 6
7-3	$y=a+bx+cx^2$	-2.328 9	8.170 9	-5.007 2		0.918 9**	0.074 1	∞	a	0.909 8
7-4	$y=\exp(a+b/x+c\ln(x))$	4.592 3	-4.765 1	-6.089 7		0.903 7**	0.052 4	0	不存在	0.888 6
7-5	$y=a \times b^{(1/x)} \times x^c$	327.570 1	0.002 6	4.768 3		0.902 5**	0.055 3	0	不存在	0.861 7
7-6	$y=a/(1+\exp(b-cx))^{(1/d)}$	0.935 4	5.355 2	12.270 3	1.023 8	0.887 4**	0.058 9	a	0.004 9	0.934 4
7-7	$y=a/(1+b \times \exp(-cx))$	0.931 9	455.596 5	17.887 7		0.884 9**	0.058 7	a	0.004 7	0.934 6

注：模型中 x 和 y 分别表示相对辐热积 *RTEP* 和相对叶面积指数 *RLAI*，x and y in the model represented *RTEP* and *RLAI*

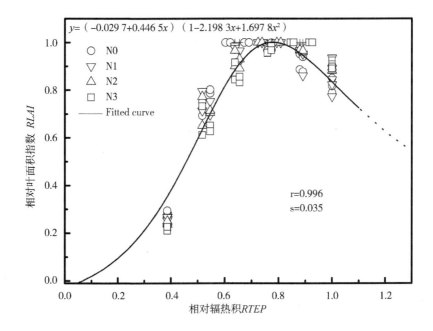

图 7-3　基于有理函数的棉花相对叶面积指数与相对辐热积动态曲线

Fig. 7-3　Dynamic curve of *RLAI* and *RTEP* in cotton based on Rational Function model

7.2.3　棉花相对叶面积指数动态模型关键参数分析

根据图 7-3 的结果分析，将试验 1 各处理 *RTEP* 和 *RLAI* 分别建立归一化模拟方程（表 7-3）。结果表明，相关系数 $r > 0.944\ 8$，说明相对化 LAI 动态方程能够对棉花不同品种及其不同施 N 水平群体进行 LAI 动态模拟（图 7-3）；将各模拟方程相应系数 a、b、c、d 值进行比较，结果表明，品种间变幅不大。但不同施 N 量间，a、b 值变幅较小，c、d 值变幅较大，由此可见，不同施 N 量主要通过调节参数 c、d 值实现对棉花群体 LAI 动态模拟方程的调控。

表 7-3 不同 N 素水平下的相对叶面积指数最佳模型参数

Table 7-3 Parameters of optimal model for relative LAI under different nitrogen rates

年份 Years	品种 Varieties	氮素水平 Nitrogen level	参数 Parameter				相关系数 r	标准差 SD
			a	b	c	d		
2010	SZ 2	N0	−0.098 0	0.701 0	−2.260 2	2.007 9	0.979 6 **	0.035 6
		N150	−0.120 3	0.778 9	−1.967 4	1.665 7	0.978 1 **	0.038 3
		N300	−0.121 4	0.779 4	−1.974 7	1.679 4	0.988 3 **	0.026 5
		N450	−0.076 6	0.538 5	−2.377 6	1.986 2	0.970 3 **	0.033 1
	XLZ 43	N0	−0.094 9	0.682 4	−2.192 4	1.897 1	0.969 5 **	0.039 5
		N150	−0.095 8	0.712 6	−2.008 4	1.680 0	0.944 8 **	0.017 4
		N300	−0.074 2	0.590 5	−1.836 9	1.390 2	0.971 6 **	0.038 1
		N450	−0.073 0	0.574 6	−2.042 9	1.603 1	0.985 4 **	0.027 8
2011	SZ 2	N0	−0.118 7	0.798 3	−2.143 5	1.931 6	0.975 1 **	0.011 6
		N150	−0.057 9	0.502 4	−2.168 2	1.726 6	0.965 9 **	0.041 3
		N300	−0.098 3	0.704 2	−1.824 2	1.477 2	0.977 1 **	0.034 6
		N450	−0.051 8	0.478 9	−2.175 4	1.704 3	0.986 3 **	0.042 0
	XLZ 43	N0	−0.113 9	0.802 4	−2.161 1	2.000 9	0.971 6 **	0.037 4
		N150	−0.060 0	0.521 6	−2.218 5	1.793 4	0.974 6 **	0.035 6
		N300	−0.092 8	0.677 4	−1.927 3	1.577 4	0.982 4 **	0.030 1
		N450	−0.077 8	0.624 8	−2.107 9	1.737 7	0.989 2 **	0.040 3

7.2.4 棉花相对叶面积指数动态模型检验

用试验 3 独立的试验观测数据对所建立模型进行检验。将任意时刻的相对辐热积代入相对叶面积指数动态模型方程式（7-3），就可以求出与之相对应的相对叶面积指数 $RLAI$（L_R），再进一步将该生育时期的 LAI 测量值的最大值 LAI_{max}（L_M）与 L_R 相比即可获得模拟 $SLAI_{max}$（L_S），L_S 分别乘以不同生育时期的 L_R 即为相应时期的模拟 LAI（L_i）。采用上述方法[165,166,168]，计算出试验 2 和试验 3 中不同辐热积的 LAI 动态模拟值，然后与实际观察值进行模型检验。由图 7-4（a、b、c）可以发现，模拟的准确性与精确度较高，能较好地反映棉花群体动态变化。其根均方差 $RMSE$ 为 0.188 3、0.142 5、0.226 7；置信度 α 为 0.168 6、0.077 1、0.170 6，均小于 0.2；决定系数 R^2 分别为 0.947 7、0.964 0、0.970 8；

一致性系数 *COC* 分别为 0.986 7、0.999 08、0.989 1；相对误差 *RE* 分别为 6.492 8%、4.370 9%、7.540 3%。这些数据充分说明基于相对辐热积的相对化 LAI 动态模型能够准确地反映棉花群体动态变化。

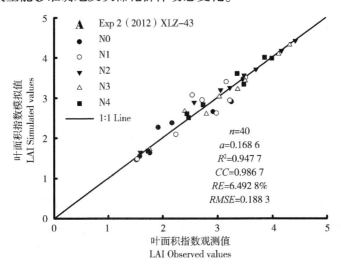

图 7-4a　XLZ 43 5 个 N 素水平叶面积指数观测值与模拟值的比较

Fig. 7-4a　Comparison between LAI simulated value and LAI observed value in cotton

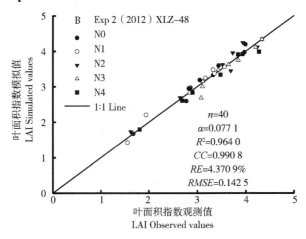

图 7-4b　XLZ 48 5 个 N 素水平棉花叶面积指数观测值与模拟值的比较

Fig. 7-4b　Comparison between LAI simulated value and LAI observed value in cotton

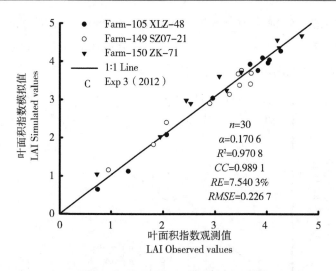

图7-4c　3个高产田棉花叶面积指数观测值与模拟值的比较

Fig. 7-4c　Comparison between LAI simulated value and LAI observed value in cotton

注：Exp2-2012：2012年试验2，Experiment 2 in 2012；Exp3-2012：2012年试验3，Experiment 3 in 2012；XLZ-48：种植品种为新陆早48；Farm-105：105团场高产田，in 105 Farm；Farm-149：149团场高产田，in 149 Farm；Farm-150：150团场高产田，in 150 Farm

7.2.5　相对化 LAI 动态变化特征分析与模型的应用

7.2.5.1　不同施 N 水平与群体最大 LAI 关系

最大 LAI 是作物群体最大同化能力的标志性指标[169]。2个棉花品种 LAI_{max} 随施 N 水平呈二次回归函数正相关关系，施 N 量较大的群体 LAI_{max} 相对较高（图7-5）。说明不同施 N 量对棉花群体最大叶面积指数 LAI_{max} 影响显著。可见 LAI_{max} 是构建棉花群体最大光合潜力的重要措施。但在 TEP 值一定的情况下，施 N 量不足或过量其 LAI_{max} 最适值时，对棉花群体叶面积指数的最大值影响较明显，会导致群体光照条件逐步恶化，叶面积指数下降。

7.2.5.2　不同施 N 水平与群体平均 LAI 及其 $MLAI/LAI_{max}$ 关系

在不考虑品种间的差异的情况下，将2010—2011试验中2年4个 N 素水平处理数据取平均值，通过棉花群体 $RLAI$，参照张宾等的计算方法[171]，计算平均

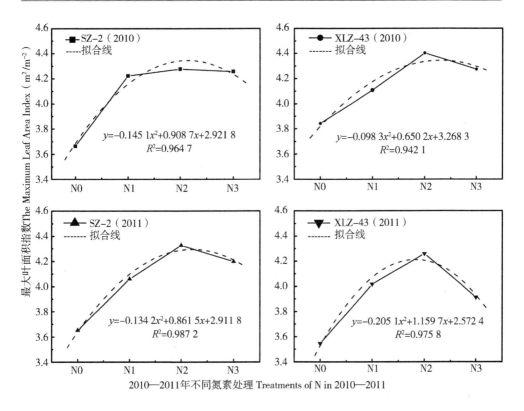

图 7-5 不同 N 素水平棉花群体最大 LAI 变化趋势

Fig. 7-5 Changed trend of the maximum LAI under different N levels in cotton

相对 LAI（Mean relative LAI, *MRLAI*）和平均 LAI（Mean LAI, *MLAI*）。

由图 7-6 可以看出，棉花全生育期 *MLAI* 及其与 *LAI*$_{max}$ 的比值均随施 N 量增加变化显著，其中 MLAI 随施 N 量增加呈二次函数递增趋势（图 7-6 a），其拟和方程为 $y = -0.077\ 1x^2 + 0.458\ 5x + 1.987\ 2$（$R^2 = 0.980\ 1^{**}$）；*MLAI* 与 *LAI*$_{max}$ 的比值则随不同施 N 量的增加呈递减趋势（图 7-6 b），其拟和方程为 $y = 0.007\ 5x^2 - 0.051\ 4x + 0.707\ 2$（$R^2 = 0.984\ 2^{**}$）。由此可见，不同施 N 量对 *MLAI* 及其与 *LAI*$_{max}$ 比值间的效应恰好相反。这充分说明施 N 量的增加促进了棉花 *MLAI* 增大，有利于提高棉花群体总体生产潜力和产量，但是与此同时限制了 *MLAI* 与 *LAI*$_{max}$ 的比值，从而限制了棉花群体最大生产潜力的实现，尤其是过量施 N 肥，棉株生长后期，营养过旺，生殖器官棉桃变小，或者由于棉花冠层覆盖度

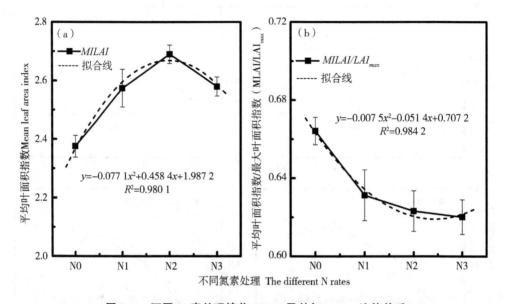

图7-6　不同 N 素处理棉花 *MLAI* 及其与 *LAI*max 比值关系

Fig. 7-6　Relations of the ratio between *MLAI* and *LAI*max in different N rates

过大或封垄，造成棉田通透性差，从而导致棉花冠层中下部叶片死亡或衰老，棉铃脱落，极大地影响了棉花产量与品质。

7.2.5.3　不同 N 素处理与棉花产量的关系

棉花最适 LAI 与棉花产量的关系极大[24]。由图7-7 可以看出，石杂-2 和新陆早-43 2 个品种各施 N 处理皮棉产量具有显著的规律性，均表现出高 N 处理高于不施 N 处理，其中均以 N2 处理增产效果最显著，其次为 N1 处理。这充分表明 N 肥施用量能够直接影响光合产物向棉铃的转移与运输，且适量施 N 肥对产量有积极影响。不施 N 或施 N 量较低，生育中后期棉叶叶绿素含量降解速度快，净光合速率低，光合产物少；过量施 N 肥，氮代谢过旺，虽然能改善盛花期和盛铃期棉叶的光合性能，光能转化效率高，棉株生长快，但导致棉花群体过大，冠层内光照条件恶化，光合产物分配失调，棉铃库强度降低，经济产量较低。

通过对 2 品种不同 N 处理棉花产量模拟结果分析发现，当施 N 量在一定的范围之内，随着 N 素的增加，棉花产量随之增加，当施 N 量超出一定的范

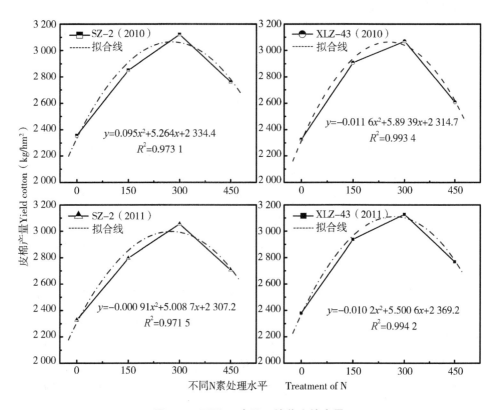

图 7-7 不同 N 素处理棉花皮棉产量

Fig. 7-7 Yield of cotton under different N treatments

围，产量随施氮量的增加反而下降。其产量与施 N 量的关系也存在二次线性函数正向回归，品种石杂 2 号具体方程式可为：$y = -0.009\,5\,x^2 + 5.264x + 2\,334.4$（$R^2 = 0.973\,1$）；$y = -0.009\,1\,x^2 + 5.008\,7\,x + 2\,307.2$（$R^2 = 0.971\,5$）；新陆早 43 号具体方式为：$y = -0.010\,2\,x^2 + 5.500\,6x + 2\,369.2$（$R^2 = 0.994\,2$）；$y = -0.011\,6x^2 + 5.893\,9x + 2\,314.7$（$R^2 = 0.993\,4$）。对以上 4 个方程式求偏导，得到其最高产量和对应的施肥量，结果得出，比较适量的施 N 量在 269.637\,2 ~ 276.842\,1\,kg/hm² 范围内，其产量达到的最大值在 2\,996.405\,3 ~ 3\,110.783\,4\,kg/hm² 范围内。当施肥量高于或低于这个范围，产量

同样会受到影响。只有适量施肥，才能改善叶片光合性能，协调棉花生长，最终提高棉花经济产量。

7.3 讨论

本研究从不同施 N 量的栽培调控措施与辐热积生态因子的调控这两个方面探讨了棉花群体 LAI 动态变化及其相互促进与制约关系，并进行了动态模拟模型的建立。结果表明不同 N 素处理棉花 LAI 随 TEP 的增加总体变化趋势一致，适合 Rational function 函数变化规律，这充分说明有理方程能很好地解释棉花叶面积指数动态变化的生物学意义[171]。同时，该模型参数少、计算简便，模型的建立与应用过程不需要花费较多的人力与财力，只需通过各种手段与方式知道棉花整个生育期内任一时段的群体叶面积，便可较为准确地模拟 LAI 的变化动态。

在建立模型的过程中，利用"归一化"[166,169,171]方法对棉花群体 LAI 和 TEP 进行了归一化处理，建立相对化 LAI（$RLAI$）动态模型，消除单位量纲，简化计算；在构建棉花 LAI 动态关系时，考虑了 LAI 与 PAR 和 RTE 乘积之间的关系，即将辐热积（TEP）应用于棉花大田，试验方法和思路都有了新的突破。由于 TEP 和棉花生长发育时间同步，将 TEP 作为自变量，可综合考虑双因子对棉花生长状况的影响，从而建立棉花 LAI 模型，能够准确地计算棉花各生长阶段的平均叶面积指数和全生育期的平均叶面积指数等光合参数，来解释叶面积增长与棉花生长过程的关系，分析环境条件对模型的影响。

LAI 是棉花群体质量的重要量化指标，直接影响着棉花群体光合能力和经济产量的形成[184-186]。其动态变化与特征值对于确定棉花高产群体结构具有参考价值。有研究表明，利用 $RLAI$ 动态模型不仅可对 LAI 动态模拟，还能估算作物群体光合势等；若提高 $MLAI$ 的值可提高作物平均生长率[181,187]，从而反映作物群体全生育期的物质生产状况[166,187]。本研究表明，不同的施 N 量对棉花整个生育期 LAI 都具有显著的调控效应，且随施 N 量增加而增大，但不施 N 和过高施 N，LAI 在生育后期下降速度相对较快；全生育期 $MLAI$、LAI_{max} 和产量均随施 N 量的增加而增大，而 *MLAI/LAI*~max~ 值则随施 N 量增加而减小。这说明施 N 量提高了棉花群体总体物质生产水平，但限制了对最大生产潜力的实现。因此，适量施 N 肥，可改善叶片光合能力，延长光能利用时间，提高棉花群体光合性能，为棉花高产奠定有利的物质基础。

本研究仅限于对不同 N 素处理条件下棉花群体 *LAI* 与 *TEP* 之间的关系模型进行了初步验证，但棉花生长周期长，可塑性强，关于棉花在不同水肥、密度和播期等栽培措施下对叶片生长的影响，以及受温度、光合和辐射等生态因子的制约，这种综合因子驱动的信息化生长模型还需要进一步研究与探讨。另外，通过多年试验发现，目前新疆北疆棉花生产过程存在一个普遍的问题，苗期叶面积不足，棉花长势相对较弱；到吐絮期后期为保证收获，化学调控措施对棉花 LAI 的作用极大，必须喷施落叶素对 LAI 进行化学调控措施，致使 LAI 下降过快，所以应该注重棉花生育进程前期和后期叶面积的调控，苗期以"促"为主，吐絮期以"保"为主[187]，实现棉花的高产、优质和高效。

7.4　小结

本部分研究结果同第 6 部分相似，对于棉花整个生育期内 *TEP* 的定量计算和模型的构建具有重要意义，为进一步探讨应用视觉技术进行棉花冠层的光、温空间分布研究提供了理论依据。从而扩充基于计算机视觉技术的棉花长势监测模型和构建棉花长势监测系统，为数字化农业更深层次的研究提供了技术保障。

8 基于辐热积的棉花产量形成模拟模型

地处欧亚大陆腹地的新疆具有种植与发展棉花独特的光热资源和优势，是我国最重要的商品棉生产基地。近年来，随着膜下滴灌技术的应用、杂交棉的推广种植，以及机械化生产的推广，结合高产品种，对高产群体大小、高产群体肥水调控等方面开展了初步研究。但有关棉花在滴灌模式下，原有的栽培模式"矮、密、早、膜"随着生产技术发展是否还适用，密度调控条件下的辐热积对棉花生长发育影响的研究较少，在密度调控下，棉花个体接收到的热量、辐射量可能有较大的改变。在这些情况下，明确不同密度调控下热量、辐射量及其互作条件下（辐热积）的变化特征及其对棉花生育进程及产量的影响，能为通过辐热积监测棉花生长发育状况提供理论参考。国内外许多学者已在温室作物中，以辐热积为预测指标，建立了辐热积与温室独本菊等温室作物的相关模拟模型，相关成果对温室作物的栽培具有理论指导意义。目前对于棉花密度的研究，大多停留在密度改变对于棉花水肥调控以及相关品质的影响，而密度改变时辐射和热量结合即辐热积对棉花生长发育的影响，尚无相关报道。新疆棉花"矮、密、早、膜"种植模式随着农业技术不断完善，密度相较以前有较大改变，同时密度改变将会导致冠层结构发生改变，致使棉花冠层光温环境发生明显变化。陈冠文对棉铃发育的温光效应的初步研究中指出在棉铃发育过程中，当有效辐射量不足时，温度可以补偿。当积温不足时，有效辐射量可以补偿。棉花产量最终取决于棉铃数的多少和棉铃重，因此量化温光效应即辐热积与棉花铃数之间的关系，可有效预测棉花产量的形成。本研究通过开展密度试验，研究辐射与热量是否通过互作对棉花的生育进程及其产量有影响以及辐热积与棉花生育进程、产量的定量关系，为通过辐热积监测棉花生长发育状况提供理论参考。

8.1 材料方法

8.1.1 试验材料

供试品种为新陆早 50 (属常规早熟棉花) 和鲁棉研 24 (属转基因抗虫杂交一代棉花)。生育期均为 130d 左右,形态特征均具有株型紧凑,叶片中等偏小且向上平展,结铃性强,适宜机械采摘。

8.1.2 试验设计

本研究设置 3 个密度处理,分别是 240×10^3 株$/hm^2$ (D1)、176×10^3 株$/hm^2$ (D2) 及 82.5×10^3 株$/hm^2$ (D3),小区面积为 $35m^2$。种植行向为东西向,采用膜下滴灌干播湿出技术,于 4 月 28 日进行膜上点播,5 月 4 日灌出苗水。各处理播种前施用 P_2O_5 150kg$/hm^2$ 和 K_2O 75kg$/hm^2$ 作为基肥一次性施入。施入氮肥总量为 450kg$/hm^2$:其中 30% 为基肥,70% 于生育期随水滴施。棉花全生育期总灌水量为 $500m^3$,其灌溉次数和灌溉比例见表 8-1。其他管理措施按照当地大田棉花高产栽培模式。

表 8-1 棉花水肥分配比例

Table 8-1 The ratio of water and fertilizer in cotton

项目 (Item)	灌溉次数 (Irrigation frequency)										
	1	2	3	4	5	6	7	8	9	10	11
灌溉占总量的百分数 The proportion of the irrigation amount to the total consumption water amount (%)	4	6	10	12	15	20	12	6	6	5	4
施肥占追肥总量的百分数 The proportion of the fertilization amount to the total consumption water amount (%)	0	0	10	10	20	30	20	10	0	0	0

8.1.3 测定项目及方法

（1）辐热积的监测与计算见第2部分，同2.3.6。

（2）生育期内有效积温及辐射累积值的计算。

棉花生育期内，每日气温及光合有效辐射以石河子气象站采集的数据为准，有效积温计算公式如下：

$$K = N (T-C) \tag{8-1}$$

公式中 K 为植物完成某阶段发育所需要的总热量，N 为发育历期，即完成某阶段发育所需要的天数，T 为发育期间的平均温度，C 为棉花生长发育最适温度，方法同1.3.1所述。

每日光合有效辐射累积值（The Cumulative of *PAR* Daily，TCPARD）由1d内24小时光合有效辐射累加计算得出，计算公式如下：

$$TCPARD = \sum HPAR \tag{8-2}$$

棉花各生育阶段内光合有效辐射累积值（Accumulated PAR，AP）由该生育阶段内每日光合有效辐射累积值累计相加得出，具体计算公式如下

$$AP = \sum TCPARD \tag{8-3}$$

8.1.4 数据分析与模型检验

见第2部分，同2.4。

8.2 结果与分析

8.2.1 不同种植密度对棉花产量的影响

在密度处理下，两品种棉花实收籽棉产量均表现为D2密度最高，且各处理间的理论产量有显著差异（$P<0.05$），如表8-2所示，2个棉花品种，鲁棉研24在D1、D2、和D3密度条件下最终有效蕾铃数分别为7个/株、11个/株和18个/株，单铃重分别为4.56g、4.76g和4.78g；而在D1、D2及D3密度下，新陆

早 50 蕾铃数分别为 6 个/株、8 个/株和 16 个/株，单铃重分别为 5.03g、5.12g 和 5.23g，说明随着密度的减小，单株铃数呈增加趋势，但单铃重却呈减小趋势。

2 个品种棉花实收籽棉产量差异性如表 8-2 所示，2 个品种棉花，除鲁棉研 24 在 D3 密度条件下，其他各密度条件下实收籽棉并没有显著性差异（$P <$ 0.05）。产量除 D1 密度（240×10³株/hm²）条件下，鲁棉研 24 实收籽棉产量在 D1 密度（240×10³株/hm²）条件下达到最高，为 4 306.8kg/hm²；新陆早 50 实收籽棉产量在 D2 密度条件下（176×10³株/hm²）达到最高，为 4 267.73kg/hm²。

表 8-2　不同处理间棉花产量构成及显著性检验

Table 8-2　T-test about yield structure of cotton

品种 Cultivar	密度 Density	收获株数 Plant No. （×10³/hm²）	单株铃数 Boll No. per plant	单铃重 Boll weight（g）	实收籽棉产量 Seed cotton yield （kg/hm²）
鲁棉研 24 V1	D1	204.0	7	4.56	4 306.8
	D2	138.6	11	4.76	4 265.6
	D3	74.3	18	4.78	3 832.04
新陆早 50 V2	D1	208.8	6	5.03	4 143.06
	D2	141.9	8	5.12	4 267.73
	D3	70.1	16	5.23	4 011.88

8.2.2　辐热积与棉花产量的关系

棉花整个生育期内，对于产量来说，由于同一品种种植密度不同导致棉花生育进程的差异性，进而生育期内累积辐热积会有所差异，不同密度条件下产量与辐热积的关系如图 8-1 所示，2 个品种棉花籽棉产量与辐热积的产量遵循一个普遍的规律，即随着辐热积的增加，产量也呈增加趋势，并且符合线性关系，关系式为 $y = a + bx$。

由图 8-1 籽棉产量值模拟曲线表明，3 个密度水平模拟模型拟合度较高，均达到了极显著水平，其决定系数 $R^2 > 0.88$，R^2 最大值达到 0.96。将各模拟方程相对应参数 a、b 值进行比较，研究结果表明，鲁棉研 24 在不同密度下，参数 a 值表现为随着密度的降低，先减小后增加的趋势，b 值均随着密度的减小，其值表

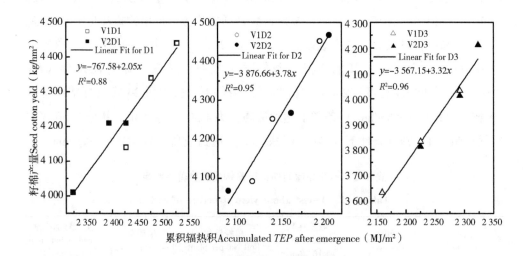

累积辐热积Accumulated *TEP* after emergence（MJ/m²）

图 8-1　累积辐热积与产量的关系

Fig. 8-1　The relationship between Yeld and *TEP*

现为先增加后减小的趋势；但新陆早 50 参数 a 表现为随着密度的降低其值呈现减小的趋势，b 值随着密度的降低值呈现增加的趋势。由此可见，产量的决定因素不仅与密度有关，棉花品种也有影响。

表 8-3　不同密度水平辐热积与籽棉产量的关系各参数比较

Table 8-3　Compared The Parameder of relationship between Yeld and *TEP*

年份 Years	品种 Varieties	密度 Density	参数 Parameter		决定系数 R^2
			a	b	
2014	V1	D1	-3 096. 355	2. 988	0. 922 **
		D2	-5 475. 833	4. 526	0. 948 **
		D3	-2 880. 677	3. 016	0. 999 **
	V2	D1	-776. 853	2. 066	0. 796 **
		D2	-3 134. 250	3. 437	0. 960 **
		D3	-4 859. 297	3. 890	0. 916 **

注：V1 为鲁棉研 24；V1 is Lumianyan 24，V2 为新陆早 50；V2 is Xinluzao 50，** 表示 0.01 显著水平，** denotes significance at 0. 05 probability level；* 表示 0. 05 显著水平，* denotes significance at 0. 05 probability level

8.2.3 基于棉铃数生长变化的辐热积模型

棉花的产量形成最主要的指标为棉铃数，陈冠文对棉铃发育的温光效应的初步研究中指出在棉铃发育过程中，辐射及热量对棉铃发育具有明显互补作用[7]，因此建立以辐热积为基础的棉铃动态生长变化的生长发育模拟模型，能有效预测棉花产量的形成，并指导棉花生长发育种植措施的调整。

将 2014 年棉花铃数动态变化数据利用 Curve Expert1.4 软件进行模拟，建立基于棉铃与辐热积（TEP）统计模型，得到了包括二次多项式拟合、蒸汽压模型、Hoerl 模型、Richards 模型等模拟较好的 5 个模型（表 8-4）。其相关系数 $r>0.755$。并棉花生长发育需要满足一定的温度的条件下才能进行，即辐热积大于某值，但在棉花生育期结束时，棉铃数为 0。因此，对这 5 个函数模型取极大值进行排除，选择最优适合棉铃动态生长发育模型。通过筛选，得到棉花最佳棉铃动态生长发育模型通式如下：

$$y = al^{-(b-x)^2}/2c^2 \tag{8-4}$$

其中，x 为辐热积 TEP，y 为铃数；a 为密度参数，b 为达到最大铃数时辐热积，c 为铃数生长变化率。

表 8-4 棉花铃数拟合模型

Table 8-4 The normalized relative LAI fitted models of cotton

模拟方程 Simulated equation	参数 Parameter				相关系数 r	标准差 SD	y 值 y value
	a	b	c	d			$x \to \infty$
$y = a*\exp((-(b-x)^2)/(2c^2))$	17.93	1 448.36	327.79	—	0.82**	3.187	0
$y=a+bx+cx^2+dx^3$	10.78	-0.06	0	0	0.82**	3.241	∞
$y=ab^x x^c$	1.394	0.99	11.43	—	0.81**	3.246	∞
$y=a+bx+cx^2$	-56.84	0.10	0	—	0.80**	3.331	∞
$y = a/(1+\exp(b-cx))^{1/d}$	15.39	502.55	0.44	107.27	0.75**	3.731	a

注：** 表示在 0.01 水平上显著相关。** indicates significant difference at $P<0.01$

用高斯模型对试验 1 中 3 个密度素水平下棉花铃数与 TEP 动态变化关系分别

进行拟合，结果表明，相关系数 $r>0.91$，各模型中参数 a 在同一密度下变化不大（表8-4），说明不同品种在同一密度条件下所能达到的最大铃数差异较小；参数 b 随密度增加也呈现增加趋势，充分说明密度的改变影响着棉花个体对光热资源的利用，并最终影响棉铃数的形成；铃数生长变化率 c 在 D1 处理下变异幅度较大，其密度处理变异性亦相对明显（表8-5），进一步说明铃数生长变化率 c 值主要是由于密度影响着铃的形成；不同品种时同一密度处理影响不大，D1 处理中参数 c 变异幅度大是由于棉花品种特性造成。

表8-5　不同密度水平下铃数生动态长发育最优模型参数

Table 8-5　Parameters of the optimal model for bolls of cotton with different density rates

年份 Years	品种 Varieties	密度水平 Density level	参数 Parameter			相关系数 r	标准差 SD
			a	b	c		
2014	LMY 24	D1	16.05	1281.31	302.86	0.93 **	2.10
		D2	18.08	1307.49	328.47	0.97 **	1.34
		D3	21.15	1423.19	361.50	0.99 **	1.04
	XLZ 50	D1	16.21	1225.42	268.53	0.94 **	1.95
		D2	17.74	1230.19	307.78	0.92 **	2.24
		D3	21.18	1267.30	370.15	0.91 **	2.69

因此，将 14 年数据进行拟合（图8-2），其高斯模型方程式为：

$$y = 17.93 l^{-(1\,448.36-TEP)^2/327.79} \tag{8-5}$$

利用试验实际观测数据对所建立的棉铃动态生长发育模型进行检验，将 2011 年与 2012 年任意时刻的 TEP 代入模型方程式（8-5），就可以求出与之相对应的 y 值。由图8-3 可以看出，2011 和 2012 年两年模拟值与实际观测一致性较好，在棉花整个生长周期内，该模型回归估计标准误差 $RMSE$ 为 1.8 个/株，决定系数 R^2 为 0.92。

8.3　讨论

温度和光照这两个因素在促进棉铃发育过程中，不仅具有同等的作用，而且

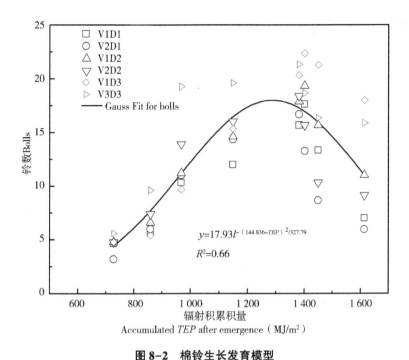

图 8-2 棉铃生长发育模型

Fig. 8-2 Gaussian model showing the relationship between the bolls values of cotton and the thermal effectiveness and photosynthetically active radiation（*TEP*）

有互补的作用[9]。通过试验结果表明（图 8-2），当适当降低密度水平时，单位面积上更少的棉花却能利用更多的光照和温度资源，最终有利于单株蕾铃数的增加，但过低的密度虽然增加了单株蕾铃数，却没有较大的群体铃数支撑，致使不能达到高产的目标。

光合作用驱动下的作物干物质量累积动态模拟中常采用 GDD（Growing degree days）和比叶面积法 SLA（Specific leaf area），然而这 2 种方法没有综合考虑光照和温度指标[9]对作物生物量累积过程的影响。若是量化作物生长过程与温光间的关系，变量辐热积法[10-11,9]更能反映作物地上生物量累积动态。同以往光合不同的是，本研究综合了光照与温度对棉花生长发育的影响，从研究结果中不难发现，降低密度条件下，即单位面积上棉花株数减少，不仅有利于棉花个体利用更多的光热资源和养分，使得前期干物质积累的时间增加，而且能减少后期干物质累积时间，

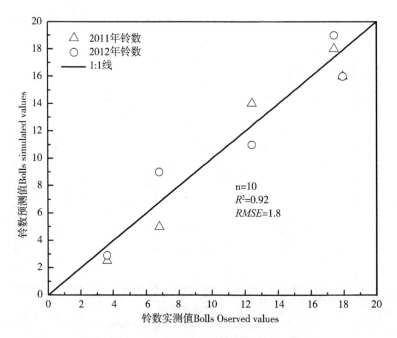

图 8-3　不同年份棉铃数观测值与模拟值比较

Fig. 8-3　Comparison between the simulated and observed values for bolls of cotton

有效缩短生育期。通过试验表明，密度调控下，辐热积会对棉花生育期及产量产生影响，同时，棉花群体不同冠层高度的辐射以及温度均有一定差异，因此，若量化不同冠层高度内的辐热积与棉花产量形成的关系，那将对棉花生产管理更具指导意义。本研究的试验是在肥水充足的条件下进行，试验设置和方法较为粗略，还需要进一步多品种和多点的试验资料来检验，但是，本研究的思路和方法为大田生产中，建立辐热积与棉花生长发育相关模型提供可靠的理论依据及参考。

8.4　结论

棉花产量与累积辐热积之间具有良好的线性关系 $y = a + bx$。棉花产量的最终形成的主要指标为棉花铃数的多少，通过高斯模拟模型可以有效预测棉花铃数生长变化，其预测公式为 $y = 17.93l^{-(1\,448.36 - TEP)^2/327.79}$，决定系数 R^2 为 0.92。

9 棉花长势监测远程诊断系统平台搭建

棉花群体特征主要是其在生长发育阶段时空范围内整体分布情况，为了能准确快速地获取棉花的群体变化特征，及时掌握棉花长势空间分布与营养状况。目前对作物群体特征监测的研究主要包括2个方面：一是对作物的宏观长势情况与其生长环境的检测[188,189]，二是对群体长势信息的获取、近地设备及其配套应用系统的研发[190-192]。

本研究在基于农业物联网的基础上，采用 B/S 分布式网络结构设计，组装集成配套技术体系，开发基于计算机视觉技术的棉花长势监测与养分诊断远程服务平台。远程监测主要采用数码相机或 CCD 数字摄像头，通过有线或无线局域网或者 3G 移动通信网络将远程拍摄到的棉花冠层数码照片或视频图像传输到网络远程控制中心，该远程控制中心对棉花冠层图像进行处理，提取能准确反映棉花长势状况的特征参数，从而建立棉花长势图像与视频信息远程监控体系，并结合新疆当地实际情况和棉花栽培管理地具体措施，对棉田土壤基础地力、种植模式、覆膜方式、水肥管理规程、当地农业气象信息以及获取的数字图片、数字视频信息进行远程采集。系统根据用户的要求和实时需求，提供测量参数与监测诊断指标，并能在远程服务控制中心与浏览客户端（PC 机或者基于 Android 系统智能手机）显示测量参数和诊断模式。

9.1 系统设计

9.1.1 系统结构设计

棉花长势监测与 N 素诊断远程数字图像监控系统网络服务平台搭建，主要基于农业物联网信息技术，采用互联网 B/S（浏览器/客户端）结构，用户浏览是通过 WWW 万维网客户端和智能手机 Android 系统。

系统总体结构分三层，第一层为感知层，即对棉花长势信息或群体冠层信息的感知，通过智能手机、数码相机和数字摄像头等检测工具获取，建立数字图像采集中心，或称作数据采集系统。第二层是网络层，是棉花长势监测与诊断网络服务中心，是本平台的核心部分，主要对采集的棉花冠层图像通过图像处理系统进行分割等处理、分析；建立图像颜色参数数据库，棉田农学参数标准模型库和历史经验信息数据库等，并进行模型校验，决策分析，并给出诊断结果，最后将信息发布。第三层是应用层，这一层是一个开放的端口，主要针对客户端（农民或种植户），通过 PC 浏览器和手机 Android 系统对网络服务中心传输的信息进行浏览，对专家决策分析的信息实施与棉花种植管理。这种基于农业物联网模式的结构框架图如图 9-1 所示。

通过对系统框架分析可以看出，要想实现较为理想的监测诊断结果，系统设计必须由棉田远程控制监测与网络服务中心、田间数据获取与图像采集视频监测中心、数字图像分析处理中心、棉花生长信息决策与诊断中心、用户浏览中心等部分组成。以棉田远程控制监测与网络服务中心为核心，构成一个环式的大型的集棉花监测管理于一体的"一网三层五中心"网络服务平台见图 9-2，该平台以开放式的物联网架构技术将分析决策直接发布给棉花种植户。整个系统兼容性强，可相对独立工作。

棉田视频监测中心主要完成田间图像采集、数字动态数据采集。采用目前技术先进的单反数码相机或高清摄像头将采集到棉花长势的图形图像数据，并进行短期贮存，在设定时间将数据发送到网络远程服务中心按照统一的数据库格式保存。同时还能监测目标点的病虫害等相关属性数据进行采集，以及棉花动态和静态信息数据，棉花静态数据有品种、播期、出苗时间等相关信息。动态数据有棉花各生育阶段生长动态、病虫害为害、气象数据等视频。

图像分析处理中心主要是将棉田视频监测中心监测到的图像数据进行分析处理，及时将相关信息反馈到决策诊断中心和远程网络服务中心，以便决策中心做出重大决策以及远程中心及时发布相关信息。

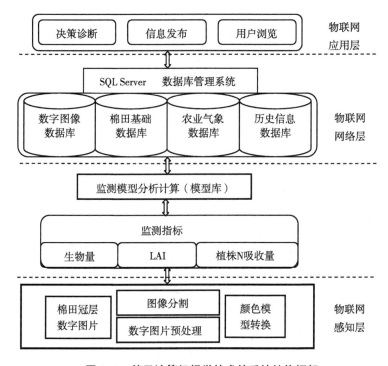

图 9-1 基于计算机视觉技术的系统结构框架

Fig. 9-1 Framework of system based on computer vision technology

系统决策分析中心包括模型库管理和模型参数设定等功能，决策分析后传输给网络服务中心或手机用户。

农户浏览中心是实现棉花种植户、农户可以通过局域网或者无线智能手机浏览整个棉田的动态变化。

远程监控与网络服务中心建设在石河子大学校办产业园区新疆石达赛特科技有限公司（石河子），本中心服务器管理采用 C/S 结构，客户操作功能采用 B/S 结构。是一款基于 IIS 互联网信息服务，远程监测服务中心负责远程控制、网络维护、数据库管理以及后台服务实时更新等（图 9-2）。

9.1.2 数据库设计

数据库构建是决策系统尤其是网络服务系统的核心，主要功能是对知识库方

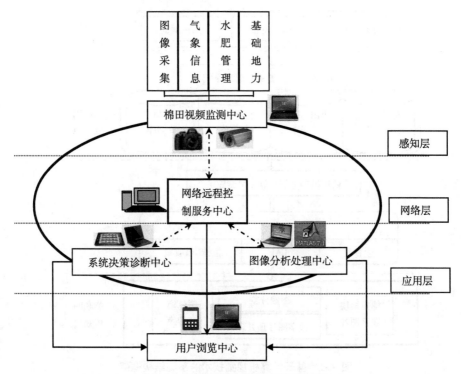

图 9-2 棉花长势远程视频监测系统

Fig. 9-2 Remote video growth monitoring system of cotton

法库或模型库进行存储、备份、恢复、导入导出等。系统若离开了数据库其功能
服务就失去了数据编辑的意义。大量数据存储于数据库，本研究主要包括数字图
像数据，棉田基础地力和土壤基础信息数据、农业气象数据，模型运算数据、决
策诊断知识数据等组成（图 9-1）。根据近地面遥感监测设备数码相机等设备构
建的监测模型对棉花长势状况和 N 素营养状况做出判断，结合农田气象信息数据
库与历年棉田经验知识数据诊断所获取的知识数据对棉花长势进行的诊断，最后
得出棉花生长发育信息及相应决策方案。

9.1.3 服务功能设计

基于物联网技术和 Web 服务平台实现的主要功能有棉田苗情远程数字图像

与数字视频采集、图像处理与分割、监测与诊断指标确定、模型的建立与调用、数据库的建立、备份与查询（包括历史数据查询）、棉花长势诊断结果发布、系统维护等几部分组成。

数字图像与数字视频采集功能是整个系统运行的基础，实时收集棉田近地面观测资料，不断补充、更新数据库，是确保图像监测精确度的关键。该服务系统必须建立一套完善的图像采集体系，强化图像采集质量，实时更新。通过农业物联网连接信息源，组合气象信息，土壤信息，以及田间调查的基础数据信息等导入数据库系统，以便决策分析使用。

图像处理与分割功能主要通过数字图像处理软件对采集到的图片数据进行预处理和颜色信息分割，得到色彩模型数据，目的是通过作物实际长势数据（如LAI等）建立关系模型，从而填补模型分析库。

监测与诊断指标的确定和模型的建立与调用是相互制约的，是合理进行决策分析的关键，通过大量的数据调查研究和总结前人的经验，提取数字图像系统与棉花农学参数之间的关系，构建数字图像参数与农学参数之间的关系，从而实现通过图像参数就能准确地推断出棉花各生育期内的农学参数，从而得到棉花的准确长势情况。

数据库的建立、备份与查询以及历史数据查询功能的实现其本质问题就是如何管理后台数据库，是按照系统要求统一表单模式，建立报表，实现分布式管理数据。通过分析统计图形图像数据，气象数据，农学基本数据等，在数据统计、调用、查询、挖掘、维护上实现数据类型的多样性和灵活性。需与模型公式、应用软件和分析工具建立接口，以便进行数据交换。

棉花长势诊断结果发布是一个非常重要的服务功能模块，给农业管理部门等提供一个方便快捷的工作服务平台。农业管理者提供决策支持服务，为种植户提供解决方案与措施。通过实时发布棉花长势情况，方便管理者宏观调控，提供权威信息服务。为农户棉花跟踪管理进行引导，提高信息服务能力。

系统维护是系统后期正常运行的保障，包括对整个系统的网络进行，软硬件配置，数据库管理、安全管理等等功能维护。

基于以上服务功能，集成并开发棉花长势监测远程诊断服务平台软件，主要由用户管理模块，网络远程终端控制模块，数据库管理模块，远程终端配置模块以及系统监测诊断功能模块等组成（图9-3）。

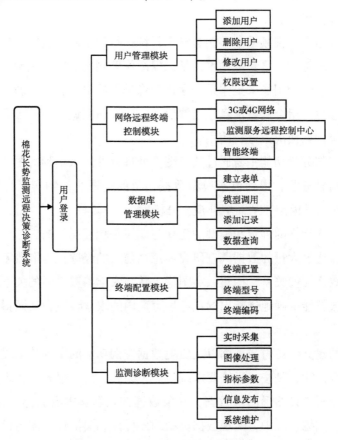

图9-3　棉花长势监测系统功能模块

Fig. 9-3　Function modules of cotton growth monitoring system

9.2　系统开发

9.2.1　系统开发环境

硬件开发环境：中央处理器 Xeon E5-2620 ，主频 2.1GHz，工作功率 80W，内存 8G，6 核心 12 线程，一级缓存 1M，二级三级缓存 15，硬盘 1T，800W 单电源，5+1 冗余风扇，光驱 SLIM DVD-RW。

软件开发环境：Windows XP 以上版操作系统，Microsoft Visual Studio 2008 开发平台，VC⁺⁺程序设计语言，SQL Server 2005 数据库管理系统。

9.2.2　客户端运行环境

网络客户端硬件运行环境：能正常运行 Windows XP 以上操作系统，内存 256M 以上，硬盘空间 20G 以上，安装有 ISS 服务。软件运行环境：安装有 Windows XP 以上和 IE 浏览器。

手机客户端运用环境：安装有 Android 系统的智能手机。

9.3　系统实现

9.3.1　用户登录界面

用户登录界面系统运行尤其是远程控制系统管理的关键环节，用户登录时必须正确输入其用户名、密码方可进入，目的是为了保障进入系统的安全性，本研究系统登录主界面如图 9-4 所示，进入棉花长势监测与诊断远程服务系统平台时有需求的用户可通过申请注册，得到初始账号与原始密码，成为合法的客户端用户。

用户成功登录以后，就会进入系统的主界面。若是第一次登录的用户，可以修改初始用户名和密码。若是远程管理服务中心的网络管理员可添加删除用户，修改密码和设置用户权限。但客户端 PC 浏览用户和智能手机浏览用户仅仅修改当前用户名和密码（图 9-5）。

9.3.2　实时监测模块

在棉田监测区安装数字监控设备（数码相机或数字摄像头），或者智能手机与网络服务中心进行内网捆绑，调试连接基于物联网的远程服务器中心，通过

图 9-4　系统用户登录界面

Fig. 9-4　The login interface of system

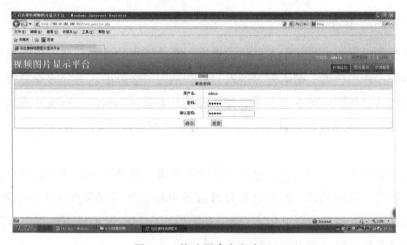

图 9-5　修改用户名和密码

Fig. 9-5　Modify the user name and password

3G 无线传输技术获取监测点棉花实际长势图片，实时跟踪监测界面见图 9-6。

若将监测到的图片运用数字图像处理技术进行分割，点击监测设备实时获取

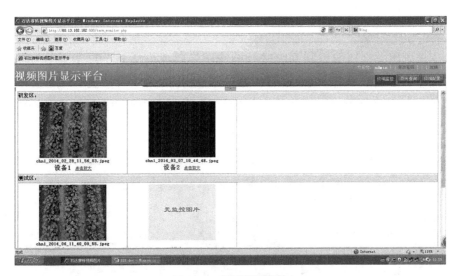

图 9-6　实时监测模块

Fig. 9-6　Real-time monitoring module

截图，从而获取高清数字图像，远程获得的数字截图放大后界面见图 9-7。

图 9-7　实时获取棉花冠层数字图像

Fig. 9-7　Real-time capture digital image of cotton

9.3.3 图像处理模块

直接调用数字图像识别系统进行棉花图像颜色信息 R、G、B 值，H、I、S 值，覆盖度 CC 值，以及 $2g$-r-b、G-R 值等分析，其特征参数获取（见第 2 部分内容 2.4.2，2.4.3 和 2.4.3 部分内容介绍）。通过远程服务中心调用数字图像识别系统见图 9-8。

图 9-8 棉花数字图像识别系统

Fig. 9-8 System of digital image recognition for monitoring cotton

9.3.4 数据查询模块

网络远程服务中心将棉花整个生育期监测的图像信息、气象信息以及当季棉田土壤的基本信息等等进行数据库备份，且 1h 上传备份 1 次，因此，有权限的种植户可以随时获取当季棉花的长势情况，浇水施肥情况，棉花地上部生物量、LAI、棉株 N 素吸收量以及决策分析情况。用户可以根据监测时间点、监测时间段以及监测地点进行查询。

客户端 PC 浏览用户和智能手机浏览用户库要想查询历史数据，就必须保证网络服务远程控制中心服务器正常运行，只有数据库连接成功方可进行数据查询和历史数字图片与视频数据调用。当用户递交查询数据的命令后，程序根据用户递交的需求，通过 JSP 对 SQL 数据库进行查询操作，然后将匹配信息反馈给数据浏览客户端，这样一来，种植户、农户或相关工作用户都可以通过远程系统数据库服务，看到自己所需要的历史数据记录。用户浏览界面见图 9-9。

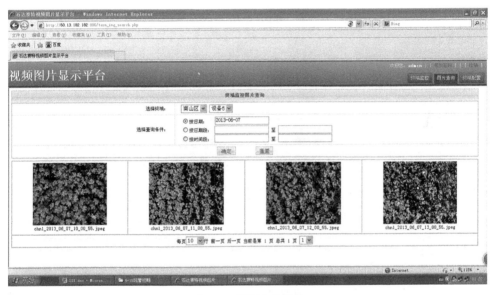

图 9-9　数据查询模块

Fig. 9-9　Data searching module

9.3.5　终端配置模块

　　终端配置模块主要是针对监测硬件设备的数据库对应设置。在棉花长势信息实时跟踪监测过程中，对于数字图像监测终端的数码相机，高清 CCD 数字摄像头等进行配置，具体配置根据硬件型号和硬件名称进行终端编号，终端号为 20 位。终端配置模块的操作过程见图 9-10。

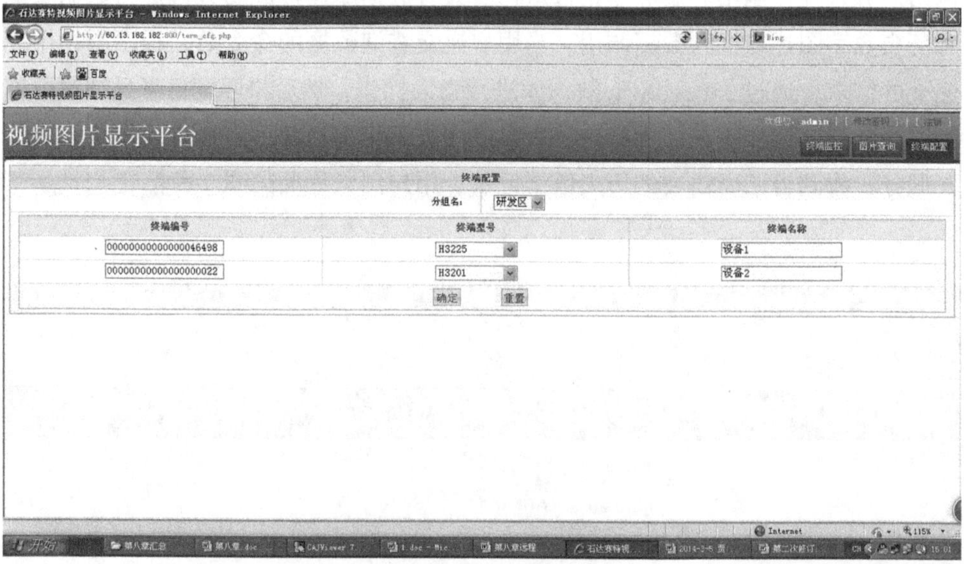

图 9-10　终端配置

Fig. 9-10　Terminal configuration

9.4　讨论

　　随着物联网关键技术取得的突破性进展和应用模式不断扩大推进与成熟完善，农业物联网也展现出其蓬勃的生命力，农业物联网发展逐步走向协同化发展，形成不同农业产业物体间、不同企业间乃至不同地区不同国家间的农业物联网信息的互联互通操作，应用模式从闭环式走向开放化，最终形成可服务于不同应用领域的农业物联网应用体系。随着现代信息技术云计算与云服务的发展，农业物联网感知信息将在真实世界智能化，农业物联网将更透彻的感知、更全面的互联互通、更深入的智慧服务和更优化的集成发展。

　　对棉花长势信息采用数字图像与视频采集系统进行收集，数据直观，准确，可靠。系统原理通用性强，也可应用于水稻、小麦等其他农作物长势信息的监测与诊断。提高了对农业信息的监控能力，为数据收集、监测诊断、专家决策评估和预测农田环境变化等提供了理论依据。但是棉花苗情监测与长势信息所涉及的参数和影响因子非常多，本研究在其生长过程中对产量估算等监测技术并未展开，需要在后期研究过程中深入探讨。

本远程服务平台目前运行状况良好，已经对一些常规指标和棉花苗情进行了实时跟踪监测，也能对棉花从出苗到盛花期 N 素营养状况进行准确诊断。但本研究所建立的监测模型还未能全面覆盖棉花生长的所有机理，还未能全面反映棉花整个生长过程的跟踪监测，因此在扩充棉花长势监测指标与提高模型精度方面还需要进一步研究。系统功能模块还需要进一步开发与完善。

9.5 小结

本部分研究集成了基于 CCD 数码相机或数字摄像头成像对棉花实时监测技术、数字图像识别分割处理技术、基于 Web 网络的远程控制技术、信息传输服务技术和远程数据库管理技术于一体，初步实现了对棉花群体长势信息进行远程监测与 N 素营养状况诊断农业物联网系统。系统实现了 B/S 模式下对影像实时计算处理，提高了系统工作效率。本系统构建的模型可以实现对棉花生长状况实时监测与自动诊断分析，既提高了监测精度和准确性，又及时提出优化措施与解决方案。

10 主要结论与成果、技术创新与研究展望

10.1 主要结论与成果

10.1.1 不同棉花群体冠层数码图像颜色特征参数动态变化规律分析

选用北疆 2 个棉花主栽品种（XLZ 43 和 XLZ 48）为试验材料，于 2010—2011 年开展 5 个氮素水平小区试验，应用数码相机获取棉花群体冠层图像，通过数字图像识别系统提取各氮素水平下棉花群体冠层图像的颜色特征参数 R、G、B、H、I 和 S 这 6 组参数值，探讨各颜色分量值随棉花生长发育时间的动态变化关系。研究结果表明，基于 RGB 模型的 R 分量值、G 分量值和基于 HIS 模型的亮度 I 值能充分反应棉花群体生长发育规律，满足指数函数关系，且相关性好，因此 R、G 和 I 可作为棉花群体监测变量的一个量化指标。研究结果还发现，对于蓝色分量 B 值和色度 H 值随棉花生长发育时间的动态变化关系为二次函数关系。然而蓝色分量 B 值其动态变化虽然满足二次函数关系，但各 N 素水平参数值波动性大，规律不明显。对于饱和度 S 值动态变化无规律可循。

10.1.2 基于覆盖度 CC 的棉花长势监测与氮素营养状况诊断模型建立

应用数码相机获取各氮素处理棉花群体冠层图像，通过数字图像分割法提取棉花出苗到盛花期颜色参数 RGB 值。为了减少试验误差，采用 MATLAB 图像处

理机软件和 VC⁺⁺ 计算机语言程序以及 2 种计算方法获取覆盖度 *CC*。通过手持冠层光谱仪 GreenSeekerTM 测量棉花冠层的 *NDVI* 值与 *RVI* 值，比较 *CC* 与 *NDVI* 和 *RVI* 之间的关系，研究结果表明，*CC* 与 *NDVI* 具有显著的线性正相关，与 *RVI* 具有显著的线性负相关；分析 *CC* 与棉花 3 个农学参数（棉株地上部总 N 素吸收量、LAI 和地上部生物量）之间的关系，建立了 *CC* 与 3 个农学参数间动态变化指数函数关系模型，且 *CC* 与棉株地上部总 N 素吸收量模型相关性最高；最后利用 3 个不同生态点高产棉田试验数据对模型进行了检验，结果表明 *CC* 从 0 开始增大到最大值或极值 1 时，即从棉花出苗到盛花期之前，模型监测精度极高；但是当 *CC* 开始变小时，即从盛花期以后到吐絮期，*CC* 并不能准确反映棉花长势信息，也不能准确的进行 N 素营养诊断与评价。

10.1.3　基于不同特征颜色参数的棉花长势监测与氮素营养评价模型建立

应用数字图像处理技术，分割 2 个品种 5 个 N 素水平的小区试验棉花冠层图像，探索棉花生长发育进程中不同特征颜色值 *G-R*、*2g-r-b* 和 *G/R* 值与棉花长势信息和 N 素营养间潜在的变化规律，建立了基于颜色参数 *G-R*、*2g-r-b* 和 *G/R* 分别与棉花群体指标 LAI、地上部生物量、地上部植株总氮吸收量间关系模型。结果表明，*G-R*、*2g-r-b* 和 *G/R* 与植株地上部总 N 含量、叶面积指数 LAI 和地上部生物量累积量 AGBA 之间的动态模型变化关系相似于 *CC* 与 3 个农学参数间的关系，均满足指数函数模型。通过对 3 个不同特征颜色参数与 3 个农学属性间模型的建立以及模型的检验，结果表明，特征颜色参数 *G-R* 和 *2g-r-b* 对 LAI 监测精度高于地上部 N 素累积量和地上部生物量；对于特征颜色参数 *G/R* 来说，监测棉花地上部生物量的监测精度高于其他 2 个农学属性。

10.1.4　基于辐热积的棉花地上部生物量累积模型建立

为进一步探讨应用计算机视觉技术分析棉花冠层空间分布和光辐射、热量等环境因素对棉花群体的影响，获取 2 个品种 5 个 N 素水平棉花各生育期地上部生物量，记录并测量棉花全生育期光合有效辐射 *PAR* 和温度 *T*，计算棉花各生育期

与全生育期辐热积 *TEP* 值，运用归一化分析方法，建立基于相对生物量累积
（*RAGBA*）和相对辐热积（*RTEP*）的棉花地上生物量累积动态模型，得到 8 个模
拟精确度较高的模型，再通过求极值法分析筛选出最优模型，并定量分析了其动
态过程和各参数特征。结果表明：棉花 *RAGBA* 和 *RTEP* 间的动态关系最佳模型
是 Richards 模型；通过 3 个不同生态点独立的高产田试验数据对模型检验，表明
Richards 模型能反映不同施 N 量下棉花全生育期的物质生产状况和经济产量。最
后根据棉花生物量累积速率方程将其积累过程划分为 3 个相互关联的阶段，并得
出棉花地上生物量最大累积速率及其对应的相对辐热积和相对地上生物量积
累量。

10.1.5　基于辐热积的棉花叶面积指数动态模拟模型建立

为进一步探讨应用计算机视觉技术分析棉花冠层空间分布和光辐射、热量对
棉花群体的影响，明确棉花群体指标 LAI 与辐热积 *TEP* 之间动态变化关系。本
研究在石河子国家农业高新示范园区增设了 4 个 N 素水平小区试验，供试品种为
石杂 2 号和新陆早 43，通过归一化处理，分别用 Curve Expert 软件和 Origin 8.5
软件对其相对叶面积指数（*RLAI*）和相对辐热积（*RTEP*）动态数据进行拟合，
得出 7 个精度较高的模型，其中 Rational function 函数模型最能准确描述棉花 LAI
的动态变化规律，且生物学意义极强。并通过本研究 5 个 N 素水平的核心试验数
据和 3 个不同生态点独立的高产田试验对模型进行多重检验，进一步证明
Rational function 函数模型能够准确反映 *RTEP* 与 *RLAI* 动态变化。最后分析探讨
不同施 N 量对棉花全生育期的物质生产潜力。研究结果表明：不同施 N 量对棉
花 LAI 动态具有调控作用，尤其是平均叶面积指数（*MLAI*）、最大叶面积指数
（LAI_{max}）和二者之比值这 3 个特征参数，对 N 肥使用量反应敏感，可作为改善棉
花叶片光辐射特性的重要指标，从而提高产量，为数字化棉花生产提供理论
依据。

10.1.6　基于辐热积的棉花产量形成模拟模型

为进一步探讨应用计算机视觉技术分析棉花冠层空间分布和光辐射、热量对

棉花群体的影响，明确棉花辐热积与棉花产量形成之间的关系。本研究通过开展不同密度试验，研究辐射与热量是否是通过互作对棉花的生育进程及其产量的影响以及辐热积与棉花生育进程、产量的定量关系，为通过辐热积监测棉花生长发育状况提供理论参考。研究结果得出，棉花产量与累积辐热积之间具有良好的线性关系 $y=a+bx$。棉花产量的最终形成的主要指标为棉花铃数的多少，通过高斯模拟模型可以有效预测棉花铃数生长变化，其预测公式为 $y = 17.93l^{-(1\,448.36-TEP)^2/327.79}$，决定系数 R^2 为 0.92。

10.1.7　基于计算机视觉技术的棉花长势监测与氮素诊断远程服务平台构建

　　集成了基于 CCD 数码相机或数字摄像头成像技术对棉花实时监测，融合了基于数字图像识别、分割、处理技术、农业物联网与 Web 网络远程控制技术、信息传输服务技术和数据库管理技术于一体的远程服务平台。该平台为了满足用户需求和方便使用，其客户端为 PC 机用户和智能手机（Android 系统）用户，远程终端采用 B/S 结构，该平台由棉花长势长相监测中心（田间监测）、网络信息服务控制中心（服务器）、图像分析与数据处理中心、决策诊断与评价中心和用户浏览中心这样一个"一网三层五中心"构成。实现了对棉花群体长势情况远程监测与 N 素营养状况的初步诊断与评价。

10.2　特色与创新

10.2.1　研究特色

　　针对新疆棉花长势遥感监测中存在的一些关键技术性问题，本研究提出了基于计算机视觉技术的棉花长势监测与 N 素营养诊断，结合新疆地域特点、棉花种植管理特性以及新疆农业信息化发展的实际情况，构建了一套棉花长势监测与 N 素诊断评估模型，搭建了基于农业物联网技术的棉花长势监测与诊断远程控制系统，可以及时准确地跟踪棉花长势信息，以及为棉花生产精准施肥提供技术支持。

　　本研究融合作物栽培学、作物生态学和作物信息学等理论体系，以数字图像或数字视频等影像信息为突破口，运用现代高清数码照相机和 CCD 摄像工具对棉花进行近地面遥感监测，采用图像分析处理方法获取棉花高产群体农学监测指标，拓宽棉花遥感监测技术与监测方法，将新疆棉花高产理论和农业信息技术紧密结合，这种学科与技术的交叉是农业信息研究的新方法和新途径。

　　基于计算机视觉技术的棉花长势监测远程控制决策服务系统所提供的远程图像采集、数据分析、数据库管理、数据库维护、网络管理等技术，为本研究所建立的模型进行校验和推广应用以及其他作物远程监测与诊断系统的搭建和完善、推广应用等提供了良好的平台。

10.2.2　创新点

　　（1）通过"数码相机与 CCD 摄像头" 2 种成像模式对棉花长势信息实时跟踪调查，通过阈值分割等图像处理技术提取棉花冠层敏感特征参数，建立棉花冠层敏感特征参数与农艺参数直接的关系模型，并通过所建模型进行决策分析，实现了一种无损便捷快速的长势监测与 N 素营养诊断体系，增强了监测与诊断功能，提高监测与诊断的精准度。

　　（2）针对棉花长势远程监测的必要性和用户需求，以农业物联网为基础的智能手机客户端获取棉田长势信息快捷方便，并提出了搭建基于计算机视觉物联网技术于一体"一网三层五中心"的网络监测诊断模式与整体方案，从而实现了棉花长势长相远程监测与诊断体系。

　　（3）将棉花生长发育进程中基于 *TEP* 的定量关系模型与基于图像特征参数的模型相结合，为进一步拓展计算机视觉技术在棉花群体冠层空间分布规律、光辐射和热量等环境生态因素对棉花群体的影响。

10.3　存在问题

　　（1）3 年来，虽然已达到了预期的研究目标，但由于个人能力和精力有限，研究工作中难免会存在一些不能解决或暂时没有解决的问题。例如，不同施N量下，定量分析计算棉花群体颜色特征参数与环境因子辐热积 *TEP* 间相关性及其动态变化规律未深入研究，也未建立 *TEP* 与棉花冠层颜色特征参数间的动态模拟模型；另外，不同颜色特征参数能否反映棉花的光辐射潜力和物质生产潜力等这些问题，需要在以后的生产实践中加强研究探索。其次，本研究应用计算机视觉技术研究其技术规范等仅停留在棉花长势监测的层面上，对于棉花受到病虫为害，冻害或干旱胁迫等多个层面的影响所造成的制约并未展开。

（2）棉花长势监测与N素营养诊断远程服务系统平台框架虽然已经搭建完成，但暂未投入大面积大规模生产使用与推广应用；棉花的生长环境对系统的要求复杂多变，用户对系统的需求灵活多样，系统也难免会存在漏洞。在今后的研究和系统测试运行过程中还需要不断改进与完善。

10.4　研究展望

基于数码相机等工具作为数字监测设备的近地面遥感监测在目前的农业生产应用中已日新月异。近年来，随着数字电子信息的飞速发展，数码相机的主要硬件配置不断提升，光学精确度与敏感度不断增大，相机性能不断提高，3D数码相机（Three dimensional digital cameras）已经步入农业生产研究行列，若将3D数码相机与作物长势监测与N素营养诊断服务系统平台连接起来，融合现有的农业物联网技术和网络远程控制技术，实时无损、连续不间断的获取作物苗情信息、冠层动态和营养状况等，从而对作物的N肥需求量等进行客观评价，给农业生产管理者带来新的技术突破。

本研究对棉花长势监测与N素营养状况诊断进行了研究，利用数字图像监测技术和数字图像处理技术提取了棉花冠层相关颜色参数，建立颜色特征参数与棉花农学参数之间的关系模型，并研究开发基于农业物联网技术的远程控制服务系统平台。虽然有针对性地利用了计算机视觉技术、图像处理技术远程自动控制技术、物联网技术以及数据库管理技术等技术体系，但其监测诊断技术与远程控制系统优化和改进的空间还很大，仍需要在后期的研究工作中不断拓展、改进、升级、更新和完善，为棉花数字化长势监测与诊断提供一个全新的农业服务平台。

  本研究已初步利用了智能手机客户端快速获取数字图像和棉田基本数据进行棉花长势监测与诊断决策服务，应用3G网络远程传输方式获取数字图像、彩信数据、语音信息等。为了进一步提高图像传输速度，并能够传输高质量视频图像信息，4G网络的全新问世为该服务平台的升级改造带来了新的契机。

参考文献

[1] 李少昆，王崇桃. 图像及视觉技术在作物科学中的应用进展 [J]. 石河子大学学报（自然科学版），2002, 6 (1)：79-86.

[2] 孟猛. 中国主要热带作物产业信息服务平台建设构想 [J]. 中国农学通报，2011, 27 (30)：275-279.

[3] 曹卫星. 农业信息学 [M]. 北京：中国农业出版社，2004.

[4] 曹卫彬. 新疆棉花遥感监测运行系统关键技术研究 [D]. 北京：中国农业大学，2004.

[5] Wu B F, Liu C L. Crop growth monitor system with coupling of NOAA and VGT data：Vegetation 2000 proceedings [C]. Lake Maggiore, Italg，2000.

[6] 刁操锉. 作物栽培学各论（南方本）[M]. 北京：中国农业出版社，1994.

[7] 杨邦杰. 农作物长势的定义与遥感监测 [J]. 农业工程学报，1999, 15 (3)：214-218.

[8] 杨邦杰. 基于卫星遥感的农情监测系统：科技进步与学科发展 [C]. 北京：中国科学技术出版社，1998.

[9] Yang B J, Pei Z Y, Zhang S L. RS-GIS-GPS based agricultural condition monitoring systems at a national scale [J]. Transactions of CSAE, 2001, 17 (1)：154-159.

[10] 吴炳方. 中国农情遥感速报系统 [J]. 遥感学报，2004 (6)：

481-497.

[11] Carlson T N, Ripley D A. On the relation between NDVI fraction vegetation cover and leaf area index [J]. Remote Sensing Environment, 1997, 62 (3): 241-252.

[12] Roberto B, Rossini P. On the use of NDVI profiles as a tool for agricultural statistics: The case study of wheat yield estimate and forecast in Emilia Romagna [J]. Remote Sensing Environment, 1993, 45: 311-326.

[13] 辛景峰. 基于 3S 技术与生长模型的作物长势监测与估产方法研究 [D]. 北京: 中国农业大学, 2001.

[14] 吴炳方. 全国农情监测与估产的运行化遥感方法 [J]. 地理学报, 2000, 55 (1): 25-35.

[15] 裴志远, 杨邦杰. 多时相归一化植被指数 NDVI 的时空特征提取与作物长势模型设计 [J]. 农业工程学报, 2000, 16 (5): 20-22.

[16] 江东, 土乃斌, 杨小唤, 等. NDVI 曲线与农作物长势的时序互动规律 [J]. 生态学报, 2002, 22 (2): 247-252.

[17] 辛景峰, 宇振荣, Dricsscn P M. 利用 NOAA NDVI 数据集监测冬小麦生育期的研究 [J]. 遥感学报, 2001, 5 (6): 442-447.

[18] 吴素霞, 毛任钊, 李红军, 等. 中国农作物遥感监测综述 [J]. 中国农学通报, 2005, 31 (3): 319-322, 345.

[19] 杨邦杰, 裴志远, 焦险峰, 等. 基于 CBERS-1 卫星图像的新疆棉花遥感监测技术体系 [J]. 农业工程学报, 2003, 19 (6): 146-149.

[20] Lee W S, Alchanatis V, Yang C, et al. Sensing technologies for precision specialty crop production [J]. Computers and Electronics in Agriculture, 2010, 74 (1): 2-33.

[21] Ray S S, Pokharna S S. Cotton yield estimation using agro logical model and satellite derided spectral profile [J]. Inter. J. Remote Sensing, 1999, 20 (14): 2 693-2 702.

［22］ 吴雪梅，程尧，韦龙琴. 在 MATLAB 环境中基于计算机视觉的番茄识别研究［J］. 农业装备技术，2005，21（4）：15-17.

［23］ 何东健，张海亮，宁纪锋，等. 农业自动化领域中计算机视觉技术的应用［J］. 农业工程学报，2002，18（2）：171-175.

［24］ 刘继承. 基于数字图像处理技术的水稻长势监测研究［D］. 南京：南京农业大学，2007.

［25］ 孙恩红. 基于数字图像的棉花群体光合有效辐射的时空分布［D］. 北京：中国农业科学院，2012.

［26］ 徐歆恺，郭楠，葛庆平，等. 计算机视觉技术在作物形态测量中的应用［J］. 计算机工程与设计，2006，27（7）：1 134-1 148.

［27］ 滕光辉，李长缨. 计算机视觉技术在工厂化农业中的应用［J］. 中国农业大学学报，2007，7（2）：62-67.

［28］ 耿楠. 小麦生长信息计算机视觉检测技术的研究［D］. 咸阳：西北农林科技大学，2000.

［29］ 耿楠，何健东，王婧，等. 小麦生长信息计算机视觉检测技术研究［J］. 农业工程学报，2001，17（1）：136-139.

［30］ 傅德胜，寿亦禾. 图形图像处理学［M］. 南京：东南大学出版社，2001.

［31］ 毛罕平，徐贵力，李萍萍. 基于计算机视觉的番茄营养元素亏缺的识别［J］. 农业机械学报，2003，34（2）：73-75.

［32］ 冯斌，汪懋华. 基于颜色分形的水果计算机视觉分级技术［J］. 农业工程学报，2002，18（2）：141-144.

［33］ 毛罕平，吴雪梅，李萍萍. 基于计算机视觉的番茄缺素神经网络识别［J］. 农业工程学报，2005，21（8）：106-109.

［34］ 林开颜，徐立鸿，吴军辉. 计算机视觉技术在作物生长监测中的研究进展［J］. 农业工程学报，2004，20（2）：279-283.

［35］ 武聪玲. 基于计算机视觉的温室黄瓜幼苗营养无检测研究［D］. 北京：中国农业大学，2005.

[36] 张晓飞. 基于计算机视觉的棉花群体生长指标检测 [D]. 北京：北京邮电大学，2006.

[37] 王方永，李少昆，王克如，等. 基于机器视觉的棉花群体叶绿素监测 [J]. 作物学报，2007，33（12）：2 041-2 046.

[38] 朱圣盼. 基于计算机视觉技术的植物病害检测方法的研究 [D]. 杭州：浙江大学，2007.

[39] 冀高. 基于数字图像处理的棉花群体特征提取 [D]. 北京：北京邮电大学，2007.

[40] 王方永，王克如，王崇桃，等. 基于图像识别的棉花水分状况诊断研究 [J]. 石河子大学学报（自然科学版），2007，25（4）：404-407.

[41] 管鹤卿. 基于计算机视觉技术的油菜叶片信息研究 [D]. 长沙：湖南农业大学，2007.

[42] 朱洪芬. 基于遥感的作物生长监测与诊断系统研究 [D]. 南京：南京农业大学，2008.

[43] 张立周. 数字图像技术在作物氮素营养诊断中的应用研究 [D]. 保定：河北农业大学，2011.

[44] 王方永，王克如，李少昆，等. 利用数字图像估测棉花叶面积指数 [J]. 生态学报，2011，3（11）：3 090-3 100.

[45] 王方永，王克如，李少昆，等. 应用两种近地可见光成像传感器估测棉花冠层叶片氮素状况 [J]. 作物学报，2011，37（6）：1 039-1 048.

[46] 张立周，侯晓宇，张玉铭. 数字图像诊断技术在冬小麦氮素营养诊断中的应用 [J]. 中国生态农业学报，2011，19（5）：1 168-1 174.

[47] 王永方. 基于近地可见光成像传感器的棉花生长信息监测研究 [D]. 石河子：石河子大学，2011.

[48] 马彦平. 基于数字图像的冬小麦、夏玉米长势远程动态监测技术研究 [D]. 武汉：华中农业大学，2010.

[49] 高华，周林. 计算机视觉及模式识别技术在农业领域的应用 [J]. 山东农业大学学报（自然科学版），2003，34（4）：590-593.

［50］ 林开颜, 徐立鸿, 吴军辉. 计算机视觉技术在作物生长监测中的研究进展［J］. 农业工程学报, 2004, 20 (2): 279-283.

［51］ 袁道军, 刘安国, 刘志雄, 等. 利用计算及视觉技术进行作物生长监测的研究进展［J］. 农业网络信息, 2007 (2): 21-25.

［52］ Meyer G E. An electronic image plant growth measurement system ［J］. Transactions of the ASAE, 1987, 30 (1): 242-248.

［53］ Trooien T P. Measurement and simulation of potato leaf area using image processing: M. Masurement ［J］. Transactions of the ASAE, 1992, 35 (5): 1719-1721.

［54］ 徐贵力, 毛罕平. 基于计算机视觉技术参考物法测量叶片面积［J］. 农业工程学报, 2002, 18 (1): 154-156.

［55］ 张仁祖, 徐为根, 黄文杰. 一种新的基于图像处理的作物叶面积测量方法［J］. 江西农业学报, 2008, 20 (4): 117-119.

［56］ 张健钦, 王秀, 龚建华, 等. 基于机器视觉技术的叶面积测量系统实现［J］. 自然科学进展, 2004, 14 (11): 1 304-1 309.

［57］ Shimizu H, Heins R D. Computer vision based system for plant growth analysis ［J］. Transactions of the ASAE, 1995, 38 (3): 958-964.

［58］ Casady W W, Singh N, Costello T A. Machine vision for measurement of rice canopy dimensions ［J］. Transactions of the ASAE, 1996, 39 (5): 1 891-1 898.

［59］ 白景峰, 赵学增. 针叶苗木计算机视觉特征提取方法［J］. 东北林业大学学报, 2000, 28 (5): 94-96.

［60］ 李长缨, 滕光辉. 利用计算机视觉技术实现对温室植物生长的无损监测［J］. 农业工程学报, 2003, 19 (3): 140-43.

［61］ Van Henten E J. Non-destructive crop measurements by image processing for growth control ［J］. Journal of Agricultural Engineering Researching, 1995, 61 (2): 97-105.

［62］ 武聪玲, 滕光辉, 李长缨. 黄瓜幼苗生长信息的无损监测系统的应用

与验证 [J]. 农业工程学报, 2005, 21 (4): 109-112.

[63] 王娟, 雷咏雯, 张永帅, 等. 应用数字图像分析技术进行棉花氮素营养诊断的研究 [J]. 中国生态农业学报, 2005, 16 (1): 145-149.

[64] 李荣春, 陶洪斌, 张竹琴, 等. 一基于图像处理技术的夏玉米群体长势监测研究 [J]. 玉米科学, 2010, 18 (2): 128-132.

[65] Humphries S. Identification of plant parts using color and geometric image [J]. Transactions of the ASAE, 1993, 36 (5): 1 493-1 500.

[66] Guyer D E, Miles G E, Gaultney L D, et al. Application of machine vision to shape analysis in leaf and plant identification [J]. Transaction of the ASAE, 1993, 36 (1): 163-171.

[67] Casady W W. Machine vision for measurement of rice canopy dimensions [J]. Transactions of the ASAE, 1996, 39 (5): 1 891-1 898.

[68] 李少昆, 张弦. 作物株型信息多媒体处理技术的研究 [J]. 作物学报, 1998, 24 (3): 265-271.

[69] 冯辉, 张婷, 王维佳, 等. 基于图像处理技术的番茄部分株型信息的获取 [J]. 园艺学报, 2009, 36 (6): 923-928.

[70] 郭炎, 李保国. 玉米冠层的数学描述与三维重建研究 [J]. 应用生态学报, 1999, 10 (1): 39-41.

[71] 王加强. 基于计算机视觉的组培苗生长监测的研究 [D]. 青岛: 山东理工大学, 2008.

[72] Seginer L. Plant wilt detection by computer vision tracking of leaf tips [J]. Transactions of the ASAE, 1992, 35 (5): 1 563-1 567.

[73] Shimizu H. Computer-vision-based system for plant growth analysis [J]. Transactions of the ASAE, 1995, 38 (3): 959-964.

[74] Kacira M. Design and development of an automated and non-contact sensing system for continuous monitoring of plant health and growth [J]. Transaction of the ASAE, 2001, 44 (4): 989-996.

[75] Ahmad I S. Evaluation of color representations for maize image [J].

Journal of Agricultural Engineering Research, 1996, 63 (3): 185-196.

[76] Singh N. Machine vision based nitrogen management models for rice [J]. Transactions of the ASAE, 1996, 39 (3): 1 899-1 904.

[77] Chen Y R, Chao K L, Kim M S. Machine vision technology for agricultural applications [J]. Computers and Electronics in Agriculture, 2002, 36 (2): 173-191.

[78] Karcher D E, Richardson M D. Quantifying turf grass color using digital image analysis [J]. Crop Science, 2003, 43: 943-951.

[79] Chaerle L, Hagenbeek D. Early detection of nutrient and biotic stress in Phaseolus vulgaris [J]. International Journal of Remote Sensing, 2007, 28 (16): 3 479-3 492.

[80] 张彦娥, 李民赞, 张喜杰, 等. 基于计算机视觉技术的温室黄瓜叶片营养信息检测 [J]. 农业工程学报, 2005, 21 (8): 102-105.

[81] 李红军, 张立周, 陈曦鸣, 等. 应用数字图像进行小麦氮素营养诊断中图像分析方法的研究 [J]. 中国生态农业学报, 2011, 19 (1): 155-159.

[82] 董鹏, 危常州, 雷咏雯, 等. 基于计算机视觉和土壤 N_{min} 的棉田氮素养分管理系统的建立与验证 [J]. 新疆农业科学, 2011, 48 (4): 606-610.

[83] Lee W S, Slaughter D C, Glies D K. Robotic Weed control system for tomatoes [J]. Precision Agriculture, 1999, 1 (1): 95-113.

[84] Adamsen F J, Coffelt T A, Nelson J M, et al. Method for using images from a color digital camera to estimate flower number [J]. Crop Science, 2000, 40 (3): 704-709.

[85] 纪寿文, 王荣本. 应用计算机图像处理技术识别玉米苗期田间杂草的研究 [J]. 农业工程学报, 2001, 17 (2): 154-156.

[86] 毛文华. 基于机器视觉的田间杂草识别技术研究 [D]. 北京: 中国农业大学, 2004.

［87］ 吴兰兰，刘俭英，文友先. 基于分形维数的玉米和杂草图像识别［J］. 农业机械学报，2009，40（3）：176-179.

［88］ Ridgway C, Davies R, Chambers J. Imaging for the high-speed detection of pest insects and other contaminants in cereal grain in transit: 2001 ASAE Meeting Paper［C］. MI, USA, 2001.

［89］ Ridgway C, Davies E R, Chambers J. Rapid machine vision method for the detection of insects and other particulate bio-contaminants of bulk grain in transit［J］. Bio-systems Engineering, 2002, 83（1）: 21-30.

［90］ Shatadal P, Tan J. Identifying damaged soybeans by color image analysis ［J］. Applied Engineering in Agriculture, 2003, 9（1）: 65-69.

［91］ Phipps B J, Phillips A S. Using a digital camera to determine survival of cotton seedlings and early expression of bronze wilt. University of Missouri, Delta Center Portageville, MO［EB/OL］. http: //webpages. acs. ttu. edu/smaas/adc/adc. htm.

［92］ 林开颜，徐立鸿，吴军辉. 计算机视觉技术在作物生长监测中的研究进展［J］. 农业工程学报，2004，20（2）：279-283.

［93］ Raymond E, Jongschaap E. Run-time calibration of simulation models by integrating remote sensing estimates of leaf area index and canopy nitrogen ［J］. Europe Journal Agronomy, 2006, 24（4）: 316-324.

［94］ Hiroaki I, Ishizawa T. Diffuse reflectance near-infrared spectral image measurement for the field monitoring of agricultural products: Conference Record IEEI Instrumentation and Measurement Technology Conference ［C］. NY, USA, 2002.

［95］ Hirafuji M, HaoMing H, Fukatsu T, et al. Development of the massively compact field monitoring server operating on solar cell unit: Joint Meeting on Environmental Engineering in Agriculture［C］. Tokyo, Japan, 2002.

［96］ Fukatsu T, Hirafuji M. Development of the field server enhanced field monitoring function: Joint Meeting on Environmental Engineering in Agriculture［C］. Tokyo, Japan, 2002.

［97］ Tokihiro Fukatsu, Masayuki Hirafuji, Takuji Kiura. Massively distributed monitoring system application of field monitoring servers using XML and Java technology［EB/OL］.（2007－10－05）http：//zoushoku. narc. affrc. go. jp/ADR/AFITA/afita/afita-conf/2002/parts/p414.

［98］ Laurenson M, Kiura T, Ninomiya S. Accessing online weather database from Java［J］. In Proc. Internet Workshop, 2000, 193-198.

［99］ 赵晓勤, 宋世文, 李建国, 等. 荔枝生产相关的水分生理指标远程监测研究［J］. 果树学报, 2005, 22（6）：644-648.

［100］ 孙忠富, 曹洪太, 李洪亮, 等. 基于 GPRS 和 WEB 的温室环境信息采集系统的实现［J］. 农业工程学报, 2006, 22（6）：131-134.

［101］ 何东健, 张海亮, 宁纪锋, 等. 农业自动化领域中计算机视觉技术的应用［J］. 农业工程学报, 2002, 18（2）：171-175

［102］ 杨振刚, 何东健, 杨青. 一种基于 Web 的静态图像获取技术［J］. 现代化农业, 2001, 5：29-31

［103］ 刘尚旺. 基于 B/S 模式的作物长势远程监测方法研究［D］. 咸阳：西北农林科技大学, 2009.

［104］ 杨加顺. 大型视频监控系统的技术方案综述［J］. 湘南学院学报, 2005, 26（5）：82-85.

［105］ 芦跃峰. 基于流媒体的视频监控系统的研究与实现田［D］. 南京：东南大学, 2005.

［106］ 彭赞. 视频监视与图像分析系统研究［D］. 武汉：中南大学, 2005.

［107］ 韩加, 洪卫军. 基于 IP 网络的视频监控系统分析［J］. 中国人民公安大学学报（自然科学版）, 2005, 1：63-65.

［108］ 赵瑞雪. 基于 WEB 的农业信息系统开发方法的新特点和关键技术［J］. 计算机与农业, 2003（4）：10-13.

［109］ 王娟, 韩登武, 任岗, 等. SPAD 值与棉花叶绿素和含氮量关系的研究［J］. 新疆农业科学, 2006, 43（3）：167-170.

[110] 潘薇薇, 危常州, 丁琼, 等. 膜下滴灌棉花氮素推荐施肥模型的研究 [J]. 植物营养与肥料学报, 2009, 15 (1): 204-210.

[111] 李亚兵. 基于群体图像的棉花生长发育监测研究 [D]. 北京: 中国农业科学院, 2007.

[112] 李亚兵, 毛树春, 韩迎春. 不同棉花群体冠层数字图像颜色变化特征研究 [J]. 棉花学报, 2012, 24 (6): 541-547.

[113] 石媛媛. 基于数字图像的水稻氮磷钾营养诊断和建模研究 [D]. 杭州: 浙江大学, 2010.

[114] 瞿瑛, 刘素红, 谢云. 植被覆盖度计算机模拟模型与参数敏感性分析 [J]. 作物学报, 2008, 34 (11): 1 964-1 969.

[115] Sui R X, Thomasson J A, Hanksb J, et al. Ground-based sensing system for weed mapping in cotton [J]. Computers and Electronics in Agriculture, 2008, 60 (1): 31-38.

[116] Yu Z H, Cao Z G, Wu X, et al. Automatic image-based detection technology for two critical growth stages of maize: emergence and three-leaf stage [J]. Agricultural and Forest Meteorology, 2013, 174-175 (complete): 65-84.

[117] Li Q Q, Dong B D, Qiao Y Z, et al. Root growth, available soil water, and water-use efficiency of winter wheat under different irrigation regimes applied at different growth stages in North China [J]. Agriculture Water Management, 2010a, 97 (10): 1 676-1 682.

[118] Li Y, Chen D, Walker C N, et al. Estimating the nitrogen status of crops using a digital camera [J]. Field Crops Research, 2010b, 118 (3): 221-227.

[119] Sakamoto T, Shibayama M, Takada E, et al. Detecting seasonal changes in crop community structure using day and night digital images [J]. Photogrammetric Engineering and Remote Sensing, 2010, 76 (6): 713-726.

[120] Raun W R, Solie J B, Taylor R K, et al. Ramp calibration strip technology for determining midseason nitrogen rates in corn and wheat [J]. Agronomy Journal, 2008, 100 (4): 1 088-1 093.

[121] Haboudane D, Miller J R, Pattey E, et al. Hyperspectral vegetation indices and novel algorithms for predicting green LAI of crop canopies: modeling and validation in the context of precision agriculture [J]. Remote Sensing Environment, 2004, 90 (3): 337-352.

[122] Mayfield A H, Trengove S P. Grain yield and protein responses in wheat using the N-Sensor for variable rate N application [J]. Crop and Pasture Science, 2009, 60 (9): 818-823.

[123] Gitelson A A, Kaufman J Y, Stark R, et al. Novel algorithms for remote estimation of vegetation fraction [J]. Remote Sensing Environment, 2002, 80 (1): 76-87.

[124] Sakamoto T, Anatoly A G, Brian D W, et al. Application of day and night digital photographs for estimating maize biophysical characteristics [J]. Precision Agriculture, 2012a, 13 (2): 285-301.

[125] Sakamoto T, Gitelson A A, Nguy-Robertson A L, et al. An alternative method using digital cameras for continuous monitoring of crop status [J]. Agricultural and Forest Meteorology, 2012b, 154: 113-126.

[126] Jia L L, Chen X, Zhang F. Optimum nitrogen fertilization of winter wheat based on color digital camera image [J]. Communications in Soil Science and Plant Analysis, 2007, 38 (11-12): 1 385-1 394.

[127] Lee K J, Lee B W. Estimation of rice growth and nitrogen nutrition status using color digital camera image analysis [J]. European Journal of Agronomy, 2013, 48: 57-65.

[128] Wang Y, Wang D J, Zhang G, et al. Estimating nitrogen status of rice using the image segmentation of G-R thresholding method [J]. Field Crops Research, 2013, 149: 33-39.

［129］ Guevara E A, Tellez J, Gonzalez-Sosa E. Use of digital photography for analysis of canopy closure ［J］. Agroforestry Systems, 2005, 65 (3): 175-185.

［130］ Laliberte A S, Rango A, Herrick J E, et al. An object-based image analysis approach for determining fractional cover of senescent and green vegetation with digital plot photography ［J］. Journal of Arid Environments, 2007, 69 (1): 1-14.

［131］ Pan G, Li F, Sun G. Digital camera based measurement of crop cover for wheat yield prediction: the Geosciences and Remote Sensing Symposium ［C］. Fort Worth, USA, 2007.

［132］ Rorie R L, Purcell L C, Mozaffari M, et al. Longer. Association of "greenness" in corn with yield and leaf nitrogen concentration ［J］. Agronomy Journal, 2010, 103 (2): 529-535.

［133］ Behrens T, Diepenbrock W. Using digital image analysis to describe canopies of winter oilseed rape during vegetative developmental stages ［J］. Journal of Agronomy and Crop Science, 2006, 192 (4): 295-302.

［134］ Chen X, Zhang F, Römheld D V, et al. Synchronizing N supply from soil and fertilizer and N demand of winter wheat by an improved Nmin method ［J］. Nutrient Cycling in Agroecosystems, 2006, 74 (2): 91-98.

［135］ Jia L L, Chen X P, Zhang F S, et al. Use of digital camera to assess nitrogen status of winter wheat in the northern china plain ［J］. Journal of Plant Nutrition, 2004, 27 (3): 441-450.

［136］ Graeff S, Claupein W. Quantifying nitrogen status of corn (Zea mays L.) in the field by reflectance measurements ［J］. European Journal of Agronomy, 2003, 19 (4): 611-618.

［137］ Yang G Z, Tang H Y, Tong J, et al. Effect of fertilization frequency on cotton yield and biomass accumulation ［J］. Field Crops Research, 2012,

125: 161-166.

[138] Pagola M, Ortiz R, Irigoyen I, et al. New method to assess barley nitrogen nutrition status based on image color analysis: comparison with SPAD-502 [J]. Computers and Electronics in Agriculture, 2009, 65 (2): 213-218.

[139] Huete A R. A soil-adjusted vegetation index (SAVI) [J]. Remote Sensing of Environment, 1988, 25 (3): 295-309.

[140] Nelson D W, Sommers L E. A simple digestion procedure for estimation of total nitrogen in soils and sediments [J]. Journal of Environmental Quality, 1972, 1 (4): 423-425.

[141] Mao W, Wang Y, Wang Y. Real-time detection of between-row weeds using machine vision [J]. ASAE, 2003, 43 (6): 1 969-1 978.

[142] Hansena P M, Schjoerring J K. Reflectance measurement of canopy biomass and nitrogen status in wheat crops using normalized difference vegetation indices and partial least squares regression [J]. Remote Sensing of Environment, 2002, 86 (4): 542-553.

[143] Hunt Jr E R, Cavigelli M, Daughtry C S, et al. Evaluation of digital photography from model aircraft for remote sensing of crop biomass and nitrogen status [J]. Precision Agriculture, 2005, 6 (4): 359-378.

[144] Russell C A, Dunn B W, Batten G D, et al. Soil tests to predict optimum fertilizer nitrogen rate for rice [J]. Field Crops Research, 2006, 97 (2): 286-301.

[145] Arshadullah M, Anwar M, Azim A. Evaluation of various exotic grasses in semi-arid conditions of Pabbi Hills, Kharian Range [J]. The J. Anim. and Plant Sci, 2009, 19 (3): 85-89.

[146] Meade K A, Cooper M, Beavis W D. Modeling biomass accumulation in maize kernels [J]. Field Crop Research, 2013, 151: 92-100.

[147] Torrez V, Jørgensen P M, Zanne A E. Specific leaf area: a predictive

model using dried samples [J]. Australian Journal of Botany, 2013, 61 (5): 350-357

[148] Gambín B L, Borrás L. Plasticity of sorghum kernel weight to increased assimilate availability [J]. Field Crops Research, 2007, 100 (2/3): 272-284.

[149] Gambín B L, Borrás L, Otegui M E. Kernel weight dependence upon plant growth at different grain-filling stages in maize and sorghum [J]. Australian Journal of Agricultural Research, 2008, 59 (3): 280-290.

[150] Board J E, Modali H. Dry matter accumulation predictors for optimal yield in soybean [J]. Crop Science, 2005, 45 (5): 1 790-1 799.

[151] Qiao J, Yang L, Yan T, et al. Rice dry matter and nitrogen accumulation, soil mineral N around root and N leaching, with increasing application rates of fertilizer [J]. European Journal of Agronomy, 2013, 49: 93-103.

[152] Pepler S, Gooding M, Ellis R. Modelling simultaneously water content and dry matter dynamics of wheat grains [J]. Field Crops Research, 2006, 95 (1): 49-63.

[153] Dordas C A, Sioulas C. Dry matter and nitrogen accumulation, partitioning, and retranslocation in safflower (*Carthamus tinctorius* L.) as affected by nitrogen fertilization [J]. Field Crop Research, 2009, 110 (1): 35-43.

[154] Osborne T M, Lawrence D M, Challinor A J, et al.Development and assessment of a coupled crop-climate mode [J]. Global Change Biology, 2007, 13 (1): 169-183.

[155] Xue X, Sha Y, Guo W, et al.Accumulation characteristics of biomass and nitrogen and critical nitrogen concentration dilution model of cotton reproductive organ [J]. Acta Ecologica Sinica, 2008, 28 (12): 6 204-6 211.

[156] Yang G Z, Tang H Y, Tong J, et al.Responses of cotton growth, yield, and biomass to nitrogen split application ratio [J].European Journal of Agronomy, 2011, 35 (3): 164-170.

[157] Yang G Z, Tang H Y, Tong J, et al.Effect of fertilization frequency on cotton yield and biomass accumulation [J], Field Crops Research, 2012, 125: 161-166.

[158] Ni J H, Chen X H, Hen C H, et al.Simulation of cucumber fruit growth in greenhouse based on production of thermal effectiveness and photosynthesis active radiation [J]. Transactions of the Chinese Society of Agricultural Engineering, 2009, 25 (5): 192-196.

[159] Bange M P, Milroy S P. Growth and dry matter partitioning of diverse cotton genotypes [J]. Field Crop Research, 2004, 87 (1): 73-87.

[160] Saleem M F, Bilal M F, Awais M, et al. Effect of nitrogen on seed cotton yield and fiber qualities of cotton (*Gossypium hirsutum* L.) cultivars [J]. Journal of Animal and Plant Sciences, 2010, 20 (1): 23-27.

[161] Sala R G, Westgate M E, Andrade F H. Source/sink ratio and the relationship between maximum water content, maximum volume, and final dry weight of maize kernels [J]. Field Crops Research, 2007, 101 (1): 19-25.

[162] Melchiori R, Caviglia O. Maize kernel growth and kernel water relations as affected by nitrogen supply [J]. Field Crops Research, 2008, 108 (3): 198-205.

[163] Overman A R, Scholtz R V III. Accumulation of Biomass and Mineral Elements with Calendar Time by Corn: Application of the Expanded Growth Model [J]. Plos One, 2011, 6 (1): 181-190.

[164] Jia B, He H B, Ma F Y, et al.Modeling aboveground biomass accumulation of cotton [J]. Journal of Animal and Plant Sciences, 2014, 24

(1): 280-289.

[165] 王新，刁明，马富裕，等. 滴灌加工番茄叶面积、干物质生产与积累模拟模型 [J]. 农业机械学报，2014，45 (2)：137-144.

[166] 李向岭，赵明，李从锋，等. 玉米叶面积系数动态特征及其积温模型的建立 [J]. 作物学报，2011，37 (2)：321-330.

[167] Kalt-Torres W, Kerr P S, Usuda H, et al. Diurnal changes in maize leaf photosynthesis. I. Carbon exchange rate, assimilate export rate and enzyme activities [J]. Plant Physiology, 1987, 83 (2)：283-288.

[168] Maddonni G A, Otegui M E, Cirilo A G. Plant population density, row spacing and hybrid effects on maize canopy architecture and light attenuation [J]. Field Crops Research, 2001, 71 (3)：183-193

[169] 孙锐，朱平，王志敏，等. 春玉米叶面积系数动态特征的密度效应 [J]. 作物学报，2009，35 (6)：1 097-1 105.

[170] 张怀志，曹卫星，周治国，等. 棉花适宜叶面积指数的动态知识模型 [J]. 棉花学报，2003，15 (3)：151-154.

[171] 张宾，赵明，董志强，等. 作物高产群体 LAI 动态模拟模型的建立与检验 [J]. 作物学报，2007，33 (4)：612-619.

[172] Versteeg M N, Van Keulen H. Potential crop production prediction by some simple calculation methods as compared with computer simulations [J]. Agricultural Systems, 1986, 19 (4)：249-272

[173] Marcelis L F M, Gijzen H. A model for prediction of yield and quality of cucumber fruits [J]. Acta Horticulturae, 1998, 476 (27), 237-242.

[174] Marcelis L F M, Heuvelink E, Goudriaan J. Modeling biomass production and yield of horticultural crops: a review [J]. Scientia Horticulturae, 1998, 74, 83-111.

[175] 侯玉虹，陈传永，郭志强，等. 春玉米不同产量群体叶面积指数动态特征与生态因子资源量的分配特点 [J]. 应用生态学报，2009，20 (1)：135-142.

[176] 刁明，戴剑锋，罗卫红，等. 温室甜椒叶面积指数形成模拟模型 [J]. 应用生态学报，2008，19（10）：2 277-2 283.

[177] 张立桢，曹卫星，张思平，等. 棉花形态发生和叶面积指数的模拟模型 [J]. 棉花学报，2004，16（2）：77-83.

[178] 李永秀，罗卫红，倪纪恒，等. 用辐热积法模拟温室黄瓜个体、光合速率与干物质产量 [J]. 农业工程学报，2005，21（12）：131-136.

[179] 倪纪恒，陈学好，陈春宏，等. 用辐热积法模拟温室黄瓜果实生长 [J]. 农业工程学报，2009，25（5）：192-196.

[180] 孙红春，冯丽肖，谢志霞，等. 不同氮素水平对棉花不同部位——铃叶系统生理特性及铃重空间分布的影响 [J]. 中国农业科学，2007，40（8）：1 638-1 645.

[181] 马富裕，曹卫星，张立桢，等. 棉花生育时期及蕾铃发生发育模拟模型研究 [J]. 应用生态学报，2005，16（4）：626-630.

[182] Wang L C, Gong W, Ma Y Y, et al.Photosynthetically active radiation and its relationship with global solar radiation in Central China [J]. International Journal of Biometeorology，2014，58（6）：1 265-1 277.

[183] Monteith J L. Climate and the efficiency of crop production in Britain [J]. Philosophical Transactions of the Royal Society of London Series B：Biological Sciences，1977，B（281）：277-294.

[184] 余渝，陈冠文，林海，等. 北疆棉田叶面积系数变化动态的研究 [J]. 棉花学报，2001，13（5）：300-303.

[185] 杨再强，罗卫红，陈发棣，等. 温室标准切花菊叶面积预测模型研究 [J]. 中国农业科学，2007，40（11）：2 569-2 574.

[186] 罗新宁，陈冰，张巨松，等. 南疆地区不同施氮量棉花叶片光合特性及产量表现 [J]. 干旱地区农业研究，2011，29（2）：40-44.

[187] 张宾，赵明，董志强，等. 作物产量"三合结构"定量表达及高产分析 [J]. 作物学报，2007，33（10）：1 674-1 681.

[188] Todoroff P, Derobillard F, Laurent J B. Interconnection of a crop growth model with remote sensing data to estimate the total available water capacity of soils: International Geoscience and Remote Sensing Symposium [C]. HI, USA, 2010.

[189] Chitpaiboon C, Kruasilp J, Prakobya A, et al. A preliminary study on paddy rice yield prediction base on the combination of simple crop modeling and satellite remote sensing imagery: 32nd Asian Conference on Remote Sensing [C]. Taipei, 2011.

[190] 赵虎, 杨正伟, 李霖, 等. 作物长势遥感监测指标的改进与比较分析 [J]. 农业工程学报, 2011, 27 (1): 243-249.

[191] 杨信廷, 吴滔, 孙传恒, 等. 基于 WMSN 的作物环境与长势远程监测系统 [J]. 农业机械学报, 2013, 44 (1): 167-173.

[192] 张琴, 黄文江, 许童羽, 等. 小麦苗情远程监测与诊断系统 [J]. 农业工程学报, 2011, 27 (12): 115-119.